焊工操作轻松学系列

气体保护焊轻松学

陈　永　宋文献　马宗彬　李　同

袁红高　纠永涛　魏　炜　高站起　编　著

李　恒　潘继民

机械工业出版社

本书是一本旨在提高气体保护焊焊工操作技能的指导书。其主要内容包括焊丝和气焊熔剂，氩弧焊，CO_2气体保护焊，特殊气体保护焊，单面焊双面成形技术，气焊、气割及火焰矫正，碳弧气刨，焊接接头质量常规检测等。本书内容详略得当、图表丰富实用，书中提供的典型实例都是成熟的操作工艺，具有极强的针对性和实用性，便于读者学习和借鉴。读者通过学习本书，可以轻松地进行相关练习，在较短时间内熟练掌握气体保护焊的操作技巧、设备维修保养、焊接材料的选择等方面的技能，成为一名优秀的气体保护焊焊工。

本书可供焊接工人阅读，也可作为焊接技术人员和相关专业职业培训人员的参考书。

图书在版编目（CIP）数据

气体保护焊轻松学/陈永等编著. —北京：机械工业出版社，2021.3（2024.9 重印）

（焊工操作轻松学系列）

ISBN 978-7-111-67548-8

Ⅰ.①气… Ⅱ.①陈… Ⅲ.①气体保护焊 Ⅳ.①TG444

中国版本图书馆 CIP 数据核字（2021）第 030677 号

机械工业出版社（北京市百万庄大街 22 号　邮政编码 100037）
策划编辑：陈保华　责任编辑：陈保华　王　良
责任校对：潘　蕊　封面设计：马精明
责任印制：张　博
北京雁林吉兆印刷有限公司印刷
2024 年 9 月第 1 版第 2 次印刷
148mm×210mm · 7.375 印张 · 209 千字
标准书号：ISBN 978-7-111-67548-8
定价：39.00 元

电话服务　　　　　　　　网络服务
客服电话：010-88361066　机 工 官 网：www.cmpbook.com
　　　　　010-88379833　机 工 官 博：weibo.com/cmp1952
　　　　　010-68326294　金 书 网：www.golden-book.com
封底无防伪标均为盗版　　机工教育服务网：www.cmpedu.com

前　言

　　焊接方法分为熔焊、压焊和钎焊三大类，其中熔焊是采用热源进行局部加热使连接处的金属达到熔化状态，但不施加压力，通过添加或不添加填充金属而使两构件连接的方法。气体保护焊是当前应用最广泛的熔焊方法之一，它与焊条电弧焊并称熔焊的两大支柱。气体保护焊由于具有可连续操作、对厚度较小的金属板材和管材焊接性较好等优点，在工业生产中得到了广泛的应用。

　　气体保护焊是利用外加气体对电弧及焊接区进行保护的一种焊接方法。焊接过程中，保护气体在电弧周围形成局部的气体保护层，防止有害于熔滴和熔池的气体侵入，保证焊接过程的稳定。同时，由于保护气体对弧柱有压缩作用，使电弧热量集中，焊接热影响区小，因此焊接质量容易保证。

　　作者多年从事与气体保护焊相关的科研实验、现场操作、焊工教学等工作，善于将理论与实践相结合，经验丰富，了解焊接工人在工作中的实际需求。本书主要面向气体保护焊焊工，旨在对其进行全面的指导，提高其综合技能。本书内容详略得当，图表丰富实用，针对性和实用性极强。书中提供的典型实例都是成熟的操作工艺，便于读者学习和借鉴。读者通过自学本书，可以轻松地进行相关练习，在较短的时间内熟练掌握气体保护焊的操作技巧、设备维修保养、焊接材料的选择等方面的技能，成为一名优秀的气体保护焊焊工。

　　本书由陈永、宋文献、马宗彬、李同、袁红高、纠永涛、魏炜、高站起、李恒、潘继民编著。其中，第1章由陈永编著，第2章由宋文献、马宗彬编著，第3章由李同、纠永涛编著，第4章由袁红高、纠永涛编著，第5章由魏炜、高站起、李恒编著，第6章由袁红高、潘继民编著，第7章由陈永、宋文献编著，第8章由马宗彬、魏炜编著。张金凤对全书进行了认真审阅。

在本书的编写过程中，参考了国内外同行的大量文献和相关标准，在此谨向有关人员表示衷心的感谢！

由于作者水平有限，不足之处在所难免，敬请广大读者批评指正。

作　者

目 录

第1章
焊丝和气焊熔剂

在气体保护焊的焊接过程中，焊丝（实心焊丝或药芯焊丝）是作为填充金属或既作为填充金属同时又作为导电用的金属丝，是一种常用的焊接材料，保护气体在电弧周围形成局部的气体保护层，防止有害于熔滴和熔池的气体侵入，保证焊接过程的稳定。为了防止金属的氧化及消除已经形成的氧化物，在焊接非铁金属、铸铁以及不锈钢等材料时必须采用气焊熔剂。气焊熔剂是指气体保护焊的助熔剂，其作用是保护熔池，减少空气侵入熔化金属，去除熔池中的氧化物，增加熔化金属的流动性。

1.1 焊丝

1.1.1 焊丝的分类

焊丝的分类方法很多，按制造方法和适用焊接方法进行的分类如图 1-1 所示。

1.1.2 焊丝的型号

1. 实心焊丝的型号

（1）气体保护焊用碳素钢和低合金钢焊丝　GB/T 15620—2008 对气体保护焊用碳素钢和低合金钢焊丝型号作了详细规定，包括三部分：

1）第一部分用字母"ER"表示实心焊丝。

2）第二部分用四位数字表示熔敷金属的最低抗拉强度。

3）第三部分用字母或数字表示焊丝化学成分分类代号。

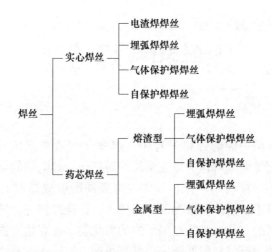

图 1-1　焊丝的分类

后面可附加扩散氢代号"HX"，其中"X"为 15、10 或 5，分别表示每 100g 熔敷金属中扩散氢含量的最大值为 15mL、10mL 或 5mL。

气体保护焊用碳素钢和低合金钢焊丝的型号示例：

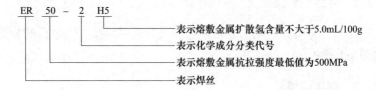

（2）铸铁焊丝　GB/T 10044—2006 对铸铁焊丝型号进行了详细规定，包括三部分：

1）第一部分用字母"R"或"ER"表示填充丝或气体保护焊用焊丝。

2）第二部分用字母"Z"表示用于铸铁焊接。

3）第三部分是焊丝主要化学元素符号或金属类型代号。

铸铁焊丝型号示例：

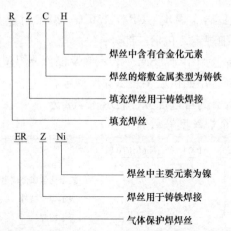

（3）不锈钢焊丝和焊带　GB/T 29713—2013 对不锈钢焊丝和焊带的型号进行了详细规定，包括两部分：

1）第一部分用字母"S"表示焊丝，"B"表示焊带。

2）第二部分为字母"S"或"B"后面的数字或数字与字母的组合，表示化学成分分类，其中"L"表示碳含量较低，"H"表示碳含量较高，如果有其他特殊要求的化学成分应该用元素符号表示，并放在后面。

不锈钢焊丝和焊带型号示例：

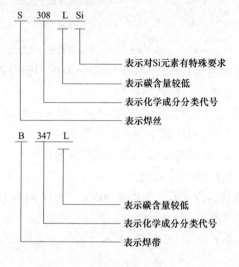

（4）镍及镍合金焊丝　GB/T 15620—2008 对镍及镍合金焊丝型号进行了详细规定，包括三部分：

1）第一部分用字母"SNi"表示镍及镍合金焊丝。

2）第二部分用四位数字表示焊丝型号。

3）第三部分为可选部分，表示化学成分。

镍及镍合金焊丝型号示例：

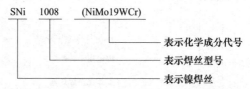

（5）铝及铝合金焊丝　GB/T 10858—2008 对铝及铝合金焊丝的型号进行了详细规定，包括三部分：

1）第一部分用字母"SAl"表示铝及铝合金焊丝。

2）第二部分用四位数字表示焊丝型号。

3）第三部分为可选部分，表示化学成分。

铝及铝合金焊丝型号示例：

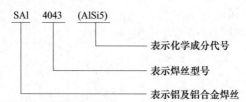

（6）铜及铜合金焊丝　GB/T 9460—2008 对铜及铜合金焊丝的型号进行了详细规定，包括三部分：

1）第一部分用字母"SCu"表示铜及铜合金焊丝。

2）第二部分用四位数字表示焊丝型号。

3）第三部分为可选部分，表示化学成分。

铜及铜合金焊丝型号示例：

（7）钛及钛合金焊丝　GB/T 30562—2014 对钛及钛合金焊丝的型号进行了详细规定，包括三部分：

1）第一部分用字母"STi"表示钛及钛合金焊丝。

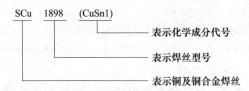

2）第二部分用四位数字表示焊丝型号。

3）第三部分为可选部分，表示化学成分。

钛及钛合金焊丝型号示例：

2. 药芯焊丝的型号

（1）非合金钢及细晶粒钢药芯焊丝 GB/T 10045—2018 对非合金钢及细晶粒钢药芯焊丝的型号进行了详细规定，其型号是根据其熔敷金属力学性能、使用特性、焊接位置、保护气体类型和熔敷金属化学成分进行编制的，包括八部分：

1）第一部分用字母"T"表示药芯焊丝。

2）第二部分是字母"T"后面的两位数字，表示熔敷金属的抗拉强度最小值（表1-1）；或者表示用于单道焊时焊态条件下焊接接头的抗拉强度代号（表1-2）。

3）第三部分是第三位数字，表示冲击吸收能量（KV_2）不低于27J时的试验温度代号（见表1-3，仅适于单道焊的焊丝无此代号）。

4）第四部分是第三位数字后面的字母及数字组合，表示使用特性代号（表1-4）。

5）第五部分是短横线"−"及数字组合，表示焊接位置代号，其中"0"表示仅适于平焊和平角焊，"1"表示全位置焊。

6）第六部分是焊接位置代号后面的字母和数字组合，表示保护气体类型代号，其中自保护的代号为"N"，仅适于单道焊的焊丝在该代号后加"S"。

7）第七部分是保护气体类型代号后面的字母，表示焊后状态代号，其中"A"表示焊态，"P"表示焊后热处理状态，"AP"表示焊态和焊后热处理状态均可。

8）第八部分在焊后状态代号后面，表示熔敷金属化学成分分类代号。

除上述八部分强制代号外，可在其后依次附加可选代号，其中字母"U"表示在规定的试验温度下，冲击吸收能量（KV_2）不小于47J，再后面可附加扩散氢代号"HX"，其中"X"为15、10或5，分别表示每100g熔敷金属中扩散氢含量的最大值为15mL、10mL或5mL。

表1-1　多道焊熔敷金属的抗拉强度代号

抗拉强度代号	抗拉强度 R_m/MPa	屈服强度[①]R_{eL}/MPa	断后伸长率 A（%）
43	430~600	≥330	≥20
49	490~670	≥390	≥18
55	550~740	≥460	≥17
57	570~770	≥490	≥17

① 当屈服发生不明显时，应测定规定塑性延伸强度 $R_{p0.2}$。

表1-2　单道焊时焊态条件下焊接接头的抗拉强度代号

抗拉强度代号	抗拉强度 R_m/MPa
43	≥430
49	≥490
55	≥550
57	≥570

表1-3　表示冲击吸收能量（KV_2）不低于27J时的试验温度代号

代号	Z	Y	0	2	3	4	5	6	7	8	9	10
冲击吸收能量（KV_2）不低于27J时的试验温度/℃	不要求冲击试验	+20	0	-20	-30	-40	-50	-60	-70	-80	-90	-100

表1-4 使用特性代号

焊接位置	特性	焊接类型
0 或 1	飞溅少，平或微凸焊道，熔敷速度高	单道焊和多道焊
0	与 T1 相似，高锰和/或高硅提高性能	单道焊
0	焊接速度极高	单道焊
0	熔敷速度极高，优异的抗热裂性能，熔深小	单道焊和多道焊
0 或 1	微凸焊道，不能完全覆盖焊道的薄渣，与 T1 相比冲击韧性好，有较好的抗冷裂和抗热裂性能	单道焊和多道焊
0	冲击韧性好，焊缝根部熔透性好，深坡口中仍有优异的脱渣性能	单道焊和多道焊
0 或 1	熔敷速度高，优异的抗热裂性能	单道焊和多道焊
0 或 1	良好的低温冲击韧性	单道焊和多道焊
0	任何厚度上具有高熔敷速度	单道焊
0 或 1	一些焊丝设计仅用于薄板焊接，制造商需要给出板厚限制	单道焊和多道焊
0 或 1	与 T1 相似，提高冲击韧性和低锰要求	单道焊和多道焊
0 或 1	用于有根部间隙焊道的焊接	单道焊
0 或 1	涂层、镀层薄板上进行高速焊接	单道焊
0 或 1	药芯含有合金和铁粉，熔渣覆盖率低	单道焊和多道焊

使用特性代号	保护气体	电流类型	熔滴过渡形式	药芯类型
T1	要求	直流反接	喷射过渡	金红石
T2	要求	直流反接	喷射过渡	金红石
T3	不要求	直流反接	粗滴过渡	不规定
T4	不要求	直流反接	粗滴过渡	碱性
T5	要求	直流反接①	粗滴过渡	氧化钙-氟化物
T6	不要求	直流反接	喷射过渡	不规定
T7	不要求	直流正接	细熔滴到喷射过渡	不规定
T8	不要求	直流正接	细熔滴或喷射过渡	不规定
T10	不要求	直流正接	细熔滴过渡	不规定
T11	不要求	直流正接	喷射过渡	不规定
T12	要求	直流反接	喷射过渡	金红石
T13	不要求	直流正接	短路过渡	不规定
T14	不要求	直流正接	喷射过渡	不规定
T15	要求	直接反接	微细熔滴喷射过渡	金属粉型
TG				

① 在直流正接下使用，可改善不利位置的焊接性，由制造商推荐电流类型。

非合金钢及细晶粒钢药芯焊丝型号示例：

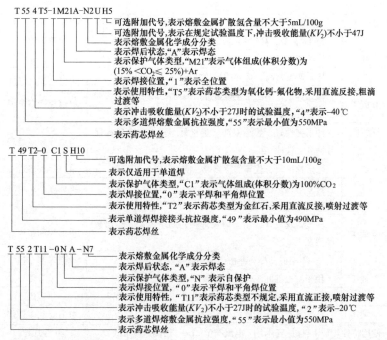

（2）热强钢药芯焊丝　GB/T 17493—2018 对热强钢药芯焊丝的型号表示方法作了详细规定，其要求与非合金钢及细晶粒钢药芯焊丝基本相同，只是附加可选代号没有字母"U"，只有扩散氢代号"HX"。

热强钢药芯焊丝型号示例：

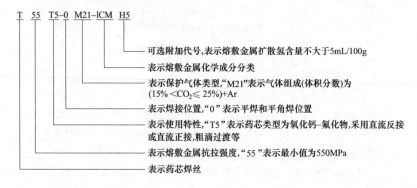

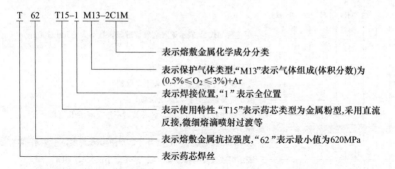

T　62　T15-1　M13-2C1M

- 表示熔敷金属化学成分分类
- 表示保护气体类型,"M13"表示气体组成(体积分数)为(0.5%≤O_2≤3%)+Ar
- 表示焊接位置,"1"表示全位置
- 表示使用特性,"T15"表示药芯类型为金属粉型,采用直流反接,微细熔滴喷射过渡等
- 表示熔敷金属抗拉强度,"62"表示最小值为620MPa
- 表示药芯焊丝

（3）高强钢药芯焊丝　GB/T 36233—2018 对高强钢药芯焊丝的型号表示方法作了详细规定，其要求与非合金钢及细晶粒钢药芯焊丝基本相同。

高强钢药芯焊丝型号示例：

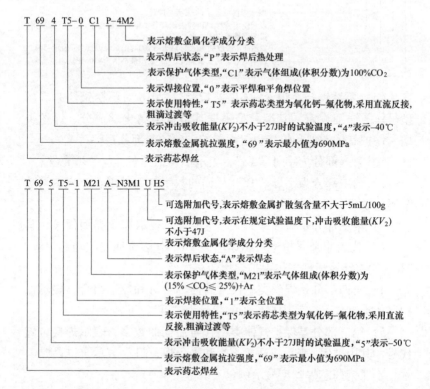

T　69　4　T5-0　C1　P-4M2

- 表示熔敷金属化学成分分类
- 表示焊后状态,"P"表示焊后热处理
- 表示保护气体类型,"C1"表示气体组成(体积分数)为100%CO_2
- 表示焊接位置,"0"表示平焊和平角焊位置
- 表示使用特性,"T5"表示药芯类型为氧化钙-氟化物,采用直流反接,粗滴过渡等
- 表示冲击吸收能量(KV_2)不小于27J时的试验温度,"4"表示-40℃
- 表示熔敷金属抗拉强度,"69"表示最小值为690MPa
- 表示药芯焊丝

T　69　5　T5-1　M21　A-N3M1　U　H5

- 可选附加代号,表示熔敷金属扩散氢含量不大于5mL/100g
- 可选附加代号,表示在规定试验温度下,冲击吸收能量(KV_2)不小于47J
- 表示熔敷金属化学成分分类
- 表示焊后状态,"A"表示焊态
- 表示保护气体类型,"M21"表示气体组成(体积分数)为(15%<CO_2≤25%)+Ar
- 表示焊接位置,"1"表示全位置
- 表示使用特性,"T5"表示药芯类型为氧化钙-氟化物,采用直流反接,粗滴过渡等
- 表示冲击吸收能量(KV_2)不小于27J时的试验温度,"5"表示-50℃
- 表示熔敷金属抗拉强度,"69"表示最小值为690MPa
- 表示药芯焊丝

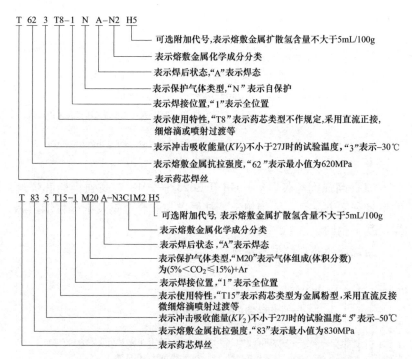

T 62 3 T8-1 N A-N2 H5

可选附加代号,表示熔敷金属扩散氢含量不大于5mL/100g
表示熔敷金属化学成分分类
表示焊后状态,"A"表示焊态
表示保护气体类型,"N"表示自保护
表示焊接位置,"1"表示全位置
表示使用特性,"T8"表示药芯类型不作规定,采用直流正接,细熔滴或喷射过渡等
表示冲击吸收能量(KV_2)不小于27J时的试验温度,"3"表示−30℃
表示熔敷金属抗拉强度,"62"表示最小值为620MPa
表示药芯焊丝

T 83 5 T15-1 M20 A-N3C1M2 H5

可选附加代号,表示熔敷金属扩散氢含量不大于5mL/100g
表示熔敷金属化学成分分类
表示焊后状态,"A"表示焊态
表示保护气体类型,"M20"表示气体组成(体积分数)为(5%<CO_2≤15%)+Ar
表示焊接位置,"1"表示全位置
表示使用特性,"T15"表示药芯类型为金属粉型,采用直流反接微细熔滴喷射过渡等
表示冲击吸收能量(KV_2)不小于27J时的试验温度,"5"表示−50℃
表示熔敷金属抗拉强度,"83"表示最小值为830MPa
表示药芯焊丝

（4）不锈钢药芯焊丝 GB/T 17853—2018 对不锈钢药芯焊丝型号作了详细规定，其型号是根据其熔敷金属化学成分、焊丝类型、保护气体类型和焊接位置编制的，包括五部分：

1）第一部分为字母"TS"，表示不锈钢药芯焊丝及填充丝。

2）第二部分为字母"TS"后面的数字与字母组合，表示熔敷金属化学成分分类代号。

3）第三部分是短横线"−"与字母，表示焊丝类型代号，其中"F"代表非金属粉型药芯焊丝，"M"代表金属粉型药芯焊丝，"R"代表钨极惰性气体保护焊用药芯焊丝。

4）第四部分是焊丝类型代号后面的字母和数字组合，表示保护气体类型代号，其中自保护的代号为"N"。

5）第五部分是保护气体类型代号后面的数字，表示焊接位置代号，其中"0"表示仅适于平焊和平角焊，"1"表示全位置焊。

不锈钢药芯焊丝型号示例：

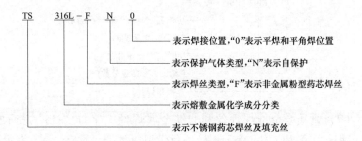

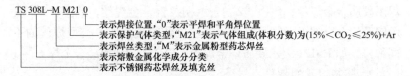

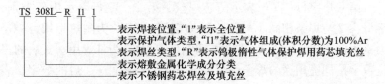

1.1.3 焊丝的牌号

1. 实心焊丝的牌号

（1）碳素钢、低合金钢和不锈钢焊丝 牌号第一个字母"H"表示焊接用焊丝。"H"后面的两位数字表示含碳量，接下来的化学符号及其后面的数字表示该元素大致含量的百分数值。合金元素含量小于1%（质量分数）时，该合金元素化学符号后面的数字省略。在结构钢焊丝牌号尾部标有"A""E"或"C"时，分别表示为"优质品""高级优质品"和"特级优质品"。"A"表示硫、磷含量≤0.030%（质量分数），"E"表示硫、磷含量≤0.020%（质量分数），"C"表示硫、磷含量≤0.015%（质量分数），表明了对焊丝中硫、磷含量要求的严格程度。在不锈钢焊丝中无此要求。

低合金钢焊丝牌号举例：

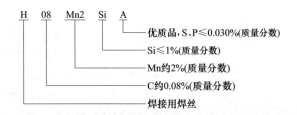

（2）硬质合金堆焊焊丝和非铁金属焊丝　字母"HS"表示焊丝，牌号中第一位数字表示焊丝的化学组成类型，数字"1"表示堆焊用硬质合金焊丝，数字"2"表示铜及铜合金焊丝，数字"3"表示铝及铝合金焊丝。牌号第二、第三位数字表示同一类型焊丝的不同牌号。如HS121表示硬质合金焊丝，HS311表示铝硅合金焊丝。

2. 药芯焊丝的牌号

第一个字母"Y"表示药芯焊丝，第二个字母表示焊丝类别，字母含义与焊条相同。"J"为结构钢用，"R"为耐热钢用，"G"为铬不锈钢用，"A"为铬镍不锈钢用，"D"为堆焊用。其后的三位数字按同类用途的焊条牌号编制方法。短横"-"后的数字，表示焊接时的保护方法，"1"为气保护，"2"为自保护，"3"为气保护和自保护两用，"4"表示其他保护形式。药芯焊丝有特殊性能和用途时，则在牌号后面加注起主要作用的元素或主要用途的字母，（一般不超过两个）。

药芯焊丝牌号示例：

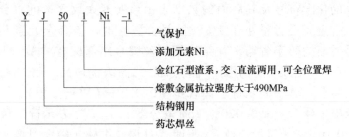

1.1.4　焊丝的选用与保管

钨极氩弧焊时，焊缝是由熔化的母材和填充焊丝组成，焊缝的质量在很大程度上取决于工件和焊丝的质量。

1. 焊丝选用原则

为了保证焊接接头的性能，选用焊丝时要遵循如下原则：

1）满足焊接接头力学性能和其他特殊性能的要求，如防腐、耐磨、耐热等。

2）焊丝所含 S、P 等有害杂质等要少。

3）焊丝应清洁、光滑、干燥、无油渍、污物和锈斑。

4）焊丝应符合国家标准并有制造厂的质量合格证书。

一般情况下焊丝化学成分应与母材成分相匹配，或焊丝的合金含量比母材稍高。焊接铜、铝、镁、钛及其合金时，如果没有相应的成品焊丝，可选用与母材相当或与母材成分相同的薄板，并将其剪成小条作氩弧焊丝用。异种材料焊接时选用的焊丝合金含量应介于两者之间，或选用含碳量高的母材用作焊丝焊接。常用氩弧焊焊丝见表 1-5。

表 1-5 常用氩弧焊丝

钢的牌号	应选用焊丝的牌号		钢的牌号	应选用焊丝的牌号
Q235，10、20g	H08Mn2Si H05MnSiAlTiZr	异种钢焊接	15CrMo 20+ 12Cr1MoV	H08CrMoV
Q35S，25Mn	H10Mn2 H08Mn2Si		12Cr1MoV+ Q235、10、20	H08Mn2Si H05MnSiAlTiZr
15CrMo 12CrMo	H08CrMoA H08CrMoMn2Si		12Cr1MoV+15CrMo	H13CrMo H08CrMoV
06Cr19Ni10 12Cr18Ni9	H0Cr18Ni9	低温钢	09Mn2V	H05Mn2Cu H05Ni2.5
1Cr18Ni9Ti[①]	H0Cr18Ni9Ti		06AlCuNbN	H08Mn2WCu

① 在用非标牌号。

焊丝直径应根据焊接电流的大小选择，见表 1-6。

表 1-6　焊接电流与焊丝直径的关系

焊接电流/A	焊丝直径/mm	焊接电流/A	焊丝直径/mm
10~20	≤1.0	200~300	2.4~4.5
20~50	1.0~1.6	300~400	3.0~6.0
50~100	1.0~2.4	400~500	4.5~8.0
100~200	1.6~3.0		

2. 焊丝的保管

1）要求在推荐的保管条件下，未打开包装的焊丝，至少要有12个月保持在"工厂新鲜"状态。最大的保管时间取决于周围的大气环境（温度、湿度等）。仓库的保管条件为室温 25℃以上，最大相对湿度 60%。

2）焊丝应存放在干燥、通风良好的库房中，不允许露天存放或放在有腐蚀性介质（如 SO_2 等）的室内，室内应保持整洁。堆放时不宜直接放在地面上，最好放在离地面和墙壁不小于 250mm 的架子上或垫板上，以保持空气流通，防止受潮。

3）由于焊丝适用的焊接方法很多，适用的材料种类也很多，所以焊丝卷的形状及捆包状态也多种多样。根据送丝机的不同，焊丝卷的形状又可分为盘状、捆状及筒状，在搬运过程中，要避免乱扔乱放，防止包装破损。一旦包装破损，可能会引起焊丝吸潮、生锈。

4）对于捆状焊丝，要防止丝架变形，从而不能装入送丝机。

5）对于筒状焊丝，搬运时切勿滚动，容器也不能放倒或倾斜，以避免筒内焊丝缠绕，妨碍使用。

3. 焊丝使用中的管理

1）开包后的焊丝应在两天内用完。

2）开包后的焊丝要防止其表面被冷凝结霜，或被锈、油脂及其他碳氢化合物所污染，必须保持焊丝表面干净和干燥。

3）焊丝清洗后应及时使用，如放置时间较长，应重新清洗。不锈钢焊丝或非铁金属焊丝使用前最好用化学方法去除其表面的油、锈，防止造成焊缝缺陷。

4）当焊丝没有用完，需放在送丝机内过夜时，要用帆布、塑料布或其他物品将送丝机罩住，以减少焊丝与空气中的湿气接触。

5）对于 3 天内无法用完的焊丝，要从送丝机内取下，放回原包装内，封口密封，然后再放入具有良好保管条件的仓库中。

4. 焊丝的质量管理

1）购入的焊丝，每批产品都应有生产厂的质量保证书。经检验合格的产品每包中必须带有产品说明书和检验产品合格证。每件焊丝包装上应用标签或其他方法标明焊丝型号和相应的国家标准号、批号、检验号、规格、净质量、制造厂名称及厂址。

2）要按焊丝的类别、规格分别堆放，防止错用。

3）按照"先进先出"的原则发放焊丝，尽量缩短焊丝的存放期。

4）发现焊丝包装破损，要认真检查。对于有明显机械损伤或有过量锈迹的焊丝，不能用于焊接。

5. 焊丝的清理及烘干

焊丝在使用前应进行仔细清理（去油、去锈等），一般不需要进行烘干处理。但实际施工中，对于受潮较为严重的焊丝，也应进行焊前烘干处理。焊丝的烘干温度不宜过高，一般在 $120 \sim 150 ℃$ 下烘干 $1 \sim 2h$ 即可，烘干焊丝对消除焊缝中的气孔及降低扩散氢含量有利。

6. 焊丝需用量的计算

焊丝需用量的计算公式为

$$W = \frac{1.2 A \rho L}{\eta}$$

式中，W 是焊丝需用量，单位为 g；A 是焊缝横截面积，单位为 cm^2；ρ 是密度，单位为 g/cm^3；L 是焊缝长度，单位为 cm；η 是熔敷率，TIG 和 MIG 实心焊丝为 95%，药芯焊丝为 90%，金属粉型药芯焊丝为 95%。

1.2 气焊熔剂

1.2.1 气焊熔剂的牌号

符号"CJ"表示气焊熔剂，其后第一位数字表示气焊熔剂的用途及适用材料，见表1-7，第二、第三位数字表示同一类型气焊熔剂的不同编号。

表 1-7　常用气焊熔剂的牌号及适用材料

型号	名称	适用材料
CJ1××	不锈钢及耐热钢气焊熔剂	不锈钢及耐热钢
CJ2××	铸铁气焊熔剂	铸铁
CJ3××	铜气焊熔剂	铜及铜合金
CJ4××	铝气焊熔剂	铝及铝合金

示例：

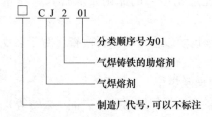

```
□  CJ 2 01
            分类顺序号为01
            气焊铸铁的助熔剂
            气焊熔剂
            制造厂代号，可以不标注
```

1.2.2　气焊熔剂的化学成分

1. 常用气焊熔剂的化学成分、用途及焊接注意事项（表1-8）

表 1-8　常用气焊熔剂的化学成分、用途及焊接注意事项

牌号	名称	熔点 /℃	化学成分 （质量分数，%）	用途及性能	焊接注意事项
CJ101	不锈钢及耐热钢气焊熔剂	900	瓷土粉30，大理石28，钛白粉20，低碳锰铁10，硅铁6，钛铁6	焊接时有助于焊丝的润湿作用，能防止熔化金属被氧化，焊后覆盖在焊缝金属表面的焊渣易去除	（1）焊前对施焊部位擦刷干净 （2）焊前将熔剂用密度为 $1.3g/cm^3$ 的水玻璃均匀搅拌成糊状 （3）用刷子将调好的熔剂均匀地涂在焊接处反面，厚度不小于 0.4mm，焊丝上也涂上少许熔剂 （4）涂完后约隔 30min 施焊

（续）

牌号	名称	熔点/℃	化学成分（质量分数,%）	用途及性能	焊接注意事项
CJ201	铸铁气焊熔剂	650	H_3BO_3 18, Na_2CO_3 40, $NaHCO_3$ 20, MnO_2 7, $NaNO_3$ 15	有潮解性,能有效地驱除铸铁在气焊过程中产生的硅酸盐和氧化物,有加速金属熔化的功能	（1）焊前将焊丝一端煨热沾上熔剂,在焊接部位红热时撒上熔剂 （2）焊接时不断用焊丝搅动,使熔剂充分发挥作用,熔渣容易浮起 （3）如熔渣浮起过多,可用焊丝将熔渣随时拨去
CJ301	铜气焊熔剂	650	H_3BO_3 76~79, $Na_2B_4O_7$ 16.5~18.5, $AlPO_4$ 4~5.5	纯铜及黄铜气焊或钎焊助熔剂,能有效地溶解氧化铜和氧化亚铜,焊接时呈液体熔渣覆盖于焊缝表面,防止金属氧化	（1）焊前将施焊部位擦刷干净 （2）焊接时将焊丝一端煨热,沾上熔剂即可施焊
CJ401	铝气焊熔剂	560	KCl 49.5~52, NaCl 27~30, LiCl 13.5~15, NaF 7.5~9	铝及铝合金气焊熔剂,起精炼作用,也可用作气焊铝青铜熔剂	（1）焊前将焊接部位及焊丝洗刷干净 （2）焊丝涂上用水调成糊状的熔剂,或焊丝一端煨热沾取适量的干熔剂立即施焊 （3）焊后必须将焊件表面的熔剂焊渣用热水洗刷干净,以免引起腐蚀

2. 常用气焊熔剂的经验配方

常用气焊熔剂的经验配方见表1-9。

表 1-9　常用气焊熔剂的经验配方

序号	化学成分（质量分数，%）									备注
	冰晶石	NaF	CaF$_2$	NaCl	KCl	BaCl$_2$	LiCl	硼砂	其他	
1	—	7.5~9	—	27~30	49.5~52	—	13.5~15	—	—	CJ401
2	—	—	4	19	29	48	—	—	—	—
3	30	—	—	30	40	—	—	—	—	—
4	20	—	—	—	40	40	—	—	—	—
5	—	15	—	45	30	—	10	—	—	—
6	—	—	—	27	18	—	—	14	KNO$_3$41	—
7	—	20	—	20	40	20	—	—	—	—
8	—	—	—	25	25	—	—	40	Na$_2$SO$_4$10	—
9	4.8	—	14.8	—	—	33.3	19.5	MgCl$_2$ 2.3	MgF$_2$24.8	—
10	—	LiF15	—	—	—	70	15	—	—	—
11	—	—	—	9	3	—	—	40	K$_2$SO$_4$20 KNO$_3$ 28	—
12	4.5	—	—	40	15	—	—	—	—	—
13	20	—	—	30	50	—	—	—	—	—

第 2 章

氩 弧 焊

2.1 氩弧焊基本知识

氩弧焊又称氩气气体保护焊。是指在电弧焊焊接区的周围通上保护性氩气气体，将空气隔离在焊接区之外，防止焊接区的氧化。氩弧焊适用于焊接易氧化的非铁金属和合金钢（目前主要用于铝、镁、钛及其合金和不锈钢的焊接）。适用于单面焊双面成形，如打底焊和管子焊接，钨极氩弧焊还适用于薄板的焊接。

2.1.1 氩弧焊的特点

1. 氩弧焊的优点

1）电流密度大，热量集中，熔敷率高，焊接速度快，工件变形小。

2）被焊金属材料中合金元素不易烧损。

3）氩气没有腐蚀性且不溶于金属，不易产生气孔。

4）明弧操作，有利于操作者对电弧、熔池、熔滴过渡的观察。

5）不需要焊剂和熔剂，操作简单。

6）容易实现机械化和自动化。

2. 氩弧焊的缺点

1）对工件的清理要求较高。

2）氩弧焊因为热影响区大，工件在修补后常常会造成变形、硬度降低、砂眼、局部退火、开裂、针孔、磨损、划伤、咬边，或者是结合力不够及内应力损伤等缺陷。尤其在精密铸造件细小缺陷的修补过程中表现突出。

3）氩弧焊与焊条电弧焊相比对人身体的伤害程度要更大一些。氩弧焊的电流密度大，发出的弧光比较强烈，电弧产生的紫外线辐射约为焊条电弧焊的 5～30 倍，红外线约为焊条电弧焊的 1～1.5 倍，在焊接时产生的臭氧含量较高，因此，应尽量选择空气流通较好的地方施工，以减轻对人体的伤害。

2.1.2 非熔化极氩弧焊的工作原理

非熔化极氩弧焊是电弧在非熔化极（通常是钨极）和工件之间燃烧，在焊接电弧周围流过一种不和金属起化学反应的惰性气体（常用氩气），形成一个保护气罩，使钨极端头、电弧和熔池及已处于高温的金属不与空气接触，能有效防止熔池氧化和吸收有害气体，从而形成力学性能优良的焊接接头，如图 2-1 所示。

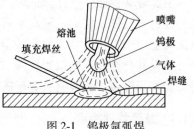

图 2-1 钨极氩弧焊

2.1.3 熔化极氩弧焊的工作原理

熔化极氩弧焊的工作原理如图 2-2 所示，焊丝通过送丝滚轮送进，导电嘴导电，在母材与焊丝之间产生电弧，使焊丝和母材熔化，并用惰性气体氩气保护电弧和熔融金属来进行焊接。它和钨极氩弧焊的区别在于一个是焊丝作电极，并不断熔化填入熔池，冷凝后形成焊缝；另一个是用钨极作电极，靠外部填充焊丝形成焊缝。随

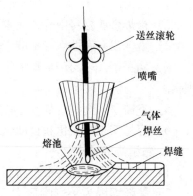

图 2-2 熔化极氩弧焊

着熔化极氩弧焊技术的发展，保护气体已由单一的氩气发展成多种

混合气体的广泛应用，如 $Ar80\%+CO_2 20\%$ 的富氩保护气。

2.1.4　脉冲钨极氩弧焊技术

脉冲钨极氩弧焊技术是在普通钨极氩弧焊技术基础上采用可控的脉冲电流取代连续电流发展起来的。钨极脉冲氩弧焊技术在铸钢件缺陷修复中的应用，使钨极氩弧焊工艺更加完善，已成为一种优质、经济、有效、高精密的先进焊接修复技术。

采用脉冲钨极氩弧焊技术在进行铸钢件缺陷修复时具有精度高、变形小等特点，操作简单灵活，适用于不同位置的补焊。在焊接过程中采用可控脉冲电流来加热工件，当每一次脉冲电流通过时工件被加热熔化形成一个点状熔池、基值电流通过时使熔池冷凝结晶，同时维持电弧燃烧。因此，脉冲氩弧焊的焊接过程是一个断续的加热过程，焊缝由一个个点状熔池叠加而成，焊接电弧是脉动的，有明亮和暗淡的闪烁现象。采用脉冲电流可以减少焊接电流平均值（交流电时是指有效值），降低工件的热输入。

实践表明，脉冲电流频率超过 5kHz 后，电弧具有强烈的电磁收缩效果，使得高频电弧的挺度大为增加，即使在小电流情况下，电弧也有很强的稳定性和指向性，电弧电压随着焊接电流的频率增高而增大，所以高频电弧具有很强的穿透力，增加焊缝熔深，可以起到焊缝与母材的良好结合作用。高频电弧的振荡作用有利于晶粒细化、消除气孔，得到优良的补焊区。

1. 脉冲钨极氩弧焊的工艺特点

（1）电弧稳定、挺度好　即使小电流也不易产生飘弧，特别适用于精加工后的缺陷补焊及单面焊背面成形、打底焊的焊接工艺。

（2）焊接热输入低　脉冲电弧对工件的加热集中，热效率高，能精确地控制焊接热输入，有利于减少热影响区及焊接变形。

（3）易于控制焊缝成形　能精确控制熔池的形状和尺寸，焊接熔池凝固速度快，可以提高焊缝抗烧穿能力和熔池的保持能力，既能获得均匀熔深，又不产生过热、流淌或烧穿现象，有利于实现不加衬垫的单面焊双面成形及全位置焊接。

（4）焊缝质量好，适合于难焊金属的焊接　脉冲钨极氩弧焊焊缝由焊点相互重叠而成，后续焊点的热循环对前一焊点具有正火处理作用；脉冲电流产生更高的电弧温度和电弧力，使难熔金属迅速形成熔池。由于脉冲电流对点状熔池具有强烈的搅拌作用，且熔池的冷却速度快，高温停留时间短，因此焊缝金属组织细密，树枝状晶不明显。这些都使得脉冲焊缝的性能得以改善，可以减少热敏感材料产生裂纹的倾向。

2. 脉冲钨极氩弧焊的分类

根据电流的种类，脉冲钨极氩弧焊可分为直流钨极氩弧焊及交流钨极氩弧焊。前者用于焊接不锈钢，后者主要用于焊接铝、镁及其合金。脉冲钨极氩弧焊的焊接电流从低的基值电流到高的峰值电流周期变化。根据脉冲频率范围，脉冲钨极氩弧焊可分为低频脉冲钨极氩弧焊和高频脉冲钨极氩弧焊。

（1）低频脉冲钨极氩弧焊　它的主要特点是利用脉冲式热输入的方式形成焊缝。在脉冲电流持续期间，每次电流脉冲，都能瞬时地集中把能量传递给母材，工件上形成点状熔池。脉冲电流停歇期间（脉冲结束后），焊接电流降为基值电流，利用基值电流维持电弧的稳定燃烧。但电弧的能量大大减少，降低了焊接热输入，并使熔池金属凝固。当下一个脉冲来到时，在未完全凝固的熔池上再形成一个新的熔池。如此重复进行，就由许多焊点相互连续搭接而形成焊缝，因此脉冲焊缝事实上是由一系列焊点组成的，如图2-3所示。

低频脉冲钨极氩弧焊有以下工艺特点：

1）电弧热输入低。

2）便于精确控制焊缝成形。

3）适合于难焊金属的焊接。

（2）高频脉冲钨极氩弧焊　电流的脉冲频率范围为10k ~ 30kHz，主要用于超薄板焊接和高速焊接。

3. 脉冲钨极氩弧焊的焊接参数及选择

（1）脉冲电流 I_p 及脉冲持续时间 t_p　脉冲电流与脉冲持续时间之积 $I_p t_p$ 被称为通电量，通电量决定了焊缝的形状尺寸，特别是

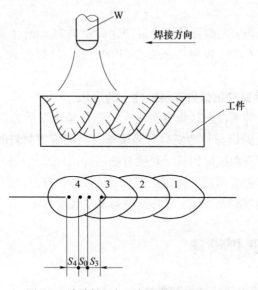

图 2-3 脉冲钨极氩弧焊的焊缝形成过程

1~4—第 1~4 个焊点

S_3—形成第 3 焊点时，脉冲电流作用的区间

S_4—形成第 4 焊点时脉冲电流作用的区间　S_0—基值电流作用的区间

熔深。应根据被焊材料及缺陷深度选择脉冲电流与脉冲电流持续时间，其中材质比工件厚度的影响更大。

（2）基值电流 I_b　基值电流比脉冲电流小，基值电流的主要作用是维持电弧的稳定燃烧，因此在保证电弧稳定的条件下，应尽可能选择较低的基值电流。但在焊接冷裂倾向较大的材料时，应将基值电流选得稍高一些，以防止弧坑裂纹。基值电流一般为脉冲电流的 10%~20%。

（3）脉冲间隙时间 t_b　熔池充分凝固的基值时间称作脉冲间隙时间，一般为脉冲时间的 1~3 倍。脉冲间隙时间过长会降低热输入，形成不连续焊道。

（4）焊接速度 v　为了获得连续细密的焊缝，保证各熔池的相互重叠，低频脉冲 TIG 焊时，焊接速度应与脉冲频率相匹配，满足焊点间距的要求。焊接速度与脉冲频率之间要满足下式：

$$f = v/60L_d$$

式中，L_d 是相邻两焊点最大允许间距，单位为 mm；f 是脉冲频率，单位为 Hz（常用频率一般低于 10Hz）；v 是焊接速度，单位为 mm/min。

4. 低频脉冲氩弧焊在铸钢件上的应用

低频脉冲钨极氩弧焊主要用于铸钢件精加工后的小缺陷修复，适用于各类铸钢材料特别是对热敏感性高的金属材料的缺陷修复，以及单面焊双面成形的管子对接打底层焊接。采用这种方法，修复前铸钢件不需要预热，焊后也不需要热处理，修复过程中热输入可以得到精确控制，保证了精加工件修复后无变形。

2.2 氩弧焊设备

2.2.1 焊接电源的种类和极性

采用钨极氩弧焊进行焊接时，焊接电源种类和极性根据被焊材料选择，见表 2-1。

表 2-1 钨极氩弧焊焊接电源的种类和极性

材料	直流		交流
	正极性	反极性	
铝及其合金	×	○	△
黄铜及铜合金	△	×	○
铸铁	△	×	○
低碳钢、低合金钢	△	×	○
高合金钢、镍与镍合金不锈钢	△	×	○
钛合金	△	×	○

注：○为首选，△为次选，×为不用。

钨极氩弧焊的电源有直流电源和交流电源，直流电源有直流正接法和直流反接法。

（1）直流正接 直流正接即钨极接弧焊电源的负极，工件接弧焊电源的正极。焊接时电子向工件高速冲击，这样钨极的发热量小，不易过热，因而可以采用较大的焊接电流。由于工件的发热量大，因而熔深大，焊缝宽度较窄，生产率高。同时由于钨极为负极，热电子发射能力强，电弧稳定而集中，因此大多数的金属焊接都采用直流正接。

（2）直流反接　直流反接即钨极接正极，工件接负极。焊接时由于钨极受电子高速冲击，钨极温度高，损耗快，寿命短，所以很少采用。但是直流反接具有一种去除熔池表面氧化膜的作用，通常称为"阴极破碎"现象。当焊接铝、镁及其合金时，熔池表面会生成一层致密难熔的氧化膜，如不及时消除，焊接时会形成未熔合，并使焊缝表面形成皱皮或内部产生气孔、夹渣。当采用直流反接时，被电离的正离子会高速冲击作为负极的熔池，使熔池表面的氧化膜被击碎，因而能够得到表面光亮美观、无氧化膜、成形良好的焊缝。阴极破碎如图 2-4 所示。

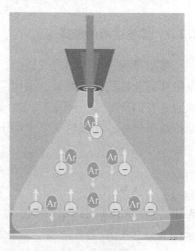

图 2-4　阴极破碎

（3）交流电源　交流手工钨极氩弧焊，当工件处于负半周时，同样会产生"阴极破碎"现象，可用来焊接铝、镁及其合金等易氧化金属，并且此时的钨极损耗要比直流反接小得多，所以一般选择交流手工钨极氩弧焊来焊接铝、镁及其合金等易氧化金属。

2.2.2　焊枪的结构

TIG 焊枪主要由枪体、喷嘴、电极、夹持体、弹性夹头、电缆、气体输入管、冷却水管和焊枪开关等组成，如图 2-5 所示。

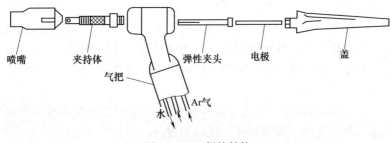

图 2-5　TIG 焊枪结构

2.2.3　焊枪喷嘴的选择

喷嘴是保护气体的出气通道，要求光滑均匀，能以较小的气体流量获得较好的保护效果，结构简单，易于加工。喷嘴内通道的形状通常有两种形式：圆柱形和收敛形，如图 2-6 所示。圆柱形喷嘴保护效果较好，收敛形喷嘴常用于小电流和狭窄处。圆柱形喷嘴的主要尺寸如下：

$$d_2 = (2.5 \sim 3.5)d_1,$$
$$h = (1.4 \sim 1.6)d_2 + (7 \sim 9), S = 1.5 \sim 2.0$$

式中，d_1 是钨极直径，单位为 mm；h 是圆柱形通道高度，单位为 mm；d_2 是通道内径，单位为 mm；S 是喷嘴壁厚，单位为 mm。

喷嘴的材料可以是陶瓷、纯铜或石英。陶瓷喷嘴价格低廉，使用较多，焊接电流不超过 350A。纯铜喷嘴使用电流可达 500A，需要用绝缘套将喷嘴与导电部分绝缘。石英喷嘴较贵，但焊接时可见度好。

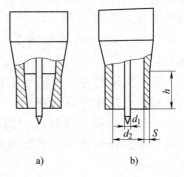

a)　　　　　　　b)

图 2-6　喷嘴内通道形状

a) 收敛形　b) 圆柱形

在一定条件下，气体流量和喷嘴直径有一个最佳配合范围。对手工氩弧焊而言，当流量为 5~25L/min 时，其对应的喷嘴直径为

5~20mm，在此范围内，气体保护效果最好，有效保护区最大。如果气体流量过小或喷嘴直径过大，会使气流挺度差，排除周围空气的能力弱，保护效果不佳；若气体流量太大或喷嘴直径过小，会因气流速度过高而形成紊流，这样不仅缩小了保护范围，还会使空气卷入，降低保护效果。喷嘴大小和气体流量对保护效果的影响如图2-7所示。

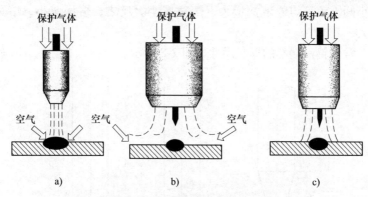

图2-7 喷嘴大小和气体流量对保护效果的影响

a）喷嘴过小 b）喷嘴过大 c）喷嘴适中

2.2.4 钨极的选用与保管

1. 钨极种类

钍钨丝是目前使用最广的电极材料，含有1%～2%（质量分数）的氧化钍，可将逸出功降低到2.7eV。与纯钨极相比，钍钨丝特点是电子发射能力强，提高了载流能力，降低了空载电压，容易引弧和稳弧，延长了使用寿命。但钍是一种放射性元素，对人体健康有一定的危害，必须十分注意安全防护。

在纯钨配料中加入2%（质量分数）左右的氧化铈，逸出功可降低到2.4eV，铈是一种微放射性元素，用铈钨丝来代替钍钨丝会降低对人体的危害，增大许用电流和热电子发射能力，降低引弧难度，增加电弧稳定性，弧束聚集，热量集中，有利于增加焊缝熔深。电极端头形状易于保持，使用寿命长。

2. 钨极端部形状

钨极端部形状和表面状况对电弧的稳定性有较大的影响，采用交流钨极氩弧焊时，钨极端部一般为圆珠形。采用直流钨极氩弧焊时，钨极端部一般为平底锥形，端部角度为 30°~50°，这样可使电弧向母材的吹力最强，保证焊接时电弧稳定燃烧和热量集中。

钨极尖锥角度的大小对焊缝熔深和熔宽也有一定的影响。通常减小圆锥角，焊缝熔深增大，熔宽减小。反之，熔深减小，熔宽增大。

常用钨极端部的形状尺寸如图 2-8 所示。

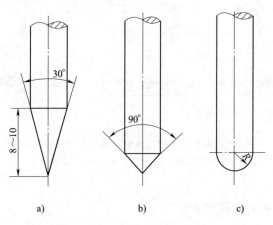

图 2-8　常用钨极端部的形状尺寸

a) 直流小电流　b) 直流大电流　c) 交流电

3. 钨极的截取

钨极价格较贵，由于生产厂家制成的钨极成品规格（长度尺寸）不同，长度尺寸为 76~760mm，为了不浪费又便于修磨，在截取时不能用钢丝钳夹断或折断，以免脆断撕裂，而应根据焊枪装夹钨极的最大有效尺寸，均匀地在砂轮上磨断后，再修磨钨极两端头使其满足所需尺寸。

4. 磨削钨极时的注意事项

1）必须在专用的硬磨料精磨砂轮上进行，修磨时要保持钨极端部几何形状的均一性。

2）在磨削钍钨极时，应在密封式或抽风式砂轮上磨削。

3）磨削完的钨极端头不能有油污和表面氧化膜，否则无法进行引弧。

4）对空心平底锥形钨极的钻孔要使用 W18Cr4V 高速钢钻头，钻孔时不加润滑剂，不要使钨极出现裂纹，也不要出现偏心现象。

5. 钨极的保管和防护

由于钨极具有微量的放射性，对人体健康有一定的影响，在修磨钨极时，要戴专用的静电口罩及手套，并佩戴平光眼镜，以免修磨时钨极粉尘进入眼睛，造成伤害。工作中钨极不能随便乱放，要放入专用的铅盒或较厚的铁盒内，要求密闭保存，并注明牌号，最好放置在仓库中人员不经常走动的地方，随用随取。工作完毕应注意个人卫生，勤洗手脸。

6. 钨极直径与焊接电流的关系

钨极直径太大，焊接电流很小，钨极端部温度不够，电弧会在钨极端头不规则地燃烧，造成电弧不稳，焊缝成形差，且不利于操作。如果钨极直径太小，焊接电流偏大，超过了钨极直径的许用电流，钨极易被烧损，使焊缝产生夹钨等缺陷。不同钨极直径所允许的电流范围见表 2-2。

表 2-2 不同钨极直径所允许的电流范围

钨极直径/mm	直流电流/A		交流电流/A
	正极性	反极性	
1~2	65~150	10~20	20~100
3	140~180	20~40	100~160
4	250~340	30~50	140~220
5	300~400	40~80	200~280
6	350~500	60~100	250~300

7. 钨极材料与焊机空载电压的关系

不同的钨极材料要求的焊机空载电压不同，钨极材料与焊机空载电压的关系见表 2-3。

表 2-3　钨极材料与焊机空载电压的关系

电极名称	电极型号	所需空载电压/V		
		低碳钢	不锈钢	铜
纯钨极	—	95	95	95
钍钨极	WTH-10	70~75	55~70	40~65
铈钨极	WCe-20	40	40	35

8. 钨极伸出长度

钨极伸出长度增加，喷嘴距工件的距离增加，氩气气流易受空气气流的影响而发生摆动。伸出长度减小，喷嘴至工件的距离较近，保护效果好，但过近会妨碍观察熔池。焊接对接焊缝时，一般钨极伸出长度为 4~6mm。焊接角焊缝时，钨极伸出长度为 6~8mm。

2.2.5　气体的使用与保管

1. 氩气的性质

氩气是一种无色、无味的单原子惰性气体。制氩气时，不可避免地在氩气中混有一定数量的氧、氮和二氧化碳及水分，若含量过多，会影响氩气的保护作用及焊缝质量。氩气都用钢瓶储存，气瓶外表面涂成灰色以示标记，并标注绿色的"氩气"字样。

氩气是惰性气体，高温下不分解，不与焊缝金属发生化学反应，也不熔于金属中，所以被焊金属和焊丝中的合金元素不易烧损。由于氩气的导热系数小，是单原子气体，不消耗分解热，故没有吸热作用，因此在氩气中燃烧的电弧热损失小，热量集中，稳定性好且效率高。氩气比空气重，氩气从喷嘴喷出后，会将熔池与周围空气隔绝，能对金属进行有效的保护，在惰性气体保护焊中得到广泛的应用。它不仅适合于高强度合金钢、铝、镁、铜及其合金的焊接，还适合异种金属材料的焊接。

2. 氩气的纯度

焊接不同金属材料时，对氩气的纯度有不同的要求，见表2-4。氩气不纯则易使焊缝氧化、氮化，使焊缝硬脆，破坏其气密性，降低焊缝质量。

表 2-4 不同材料对氩气纯度^①的要求

被焊材料	铬镍不锈钢、铜及铜合金	铝、镁及其合金	高温合金	钛、钼、铌、锆及其合金
氩气纯度（%）	≥99.7	≥99.9	≥99.95	≥99.98

① 指体积分数。

测定氩气纯度的方法是将金属板材表面的锈、污磨去，露出金属光泽，调节好氩气流量，在板上引弧后，焊枪固定不动，让电弧燃烧一段时间，如果发现电弧燃烧稳定，熔池无异常现象，说明氩气较纯。如果在燃烧过程中，电弧不稳，熔池起泡，证明氩气不纯。

3. 保护气体的选择

在钨极氩弧焊中，除用氩气作保护气体外，还有氦气、氦气与氩气的混合气体等。氦气要求有较高的电弧电压和热输入，由于氦弧的能量较高，焊接厚板时，经常采用氦气。当使用氩气和氦气的混合气体时，可提高焊接速度，混合气体中氦气的比例通常占75%。一般氩气产生的电弧比较平稳，较容易控制且成本较低，从经济方面来看氩气更为可取，通常优先采用氩气。在焊接导热性较好的厚板材料时，要求采用有较高穿透力的氦气。表 2-5 列出了手工钨极氩弧焊时根据母材选择的保护气体。

表 2-5 保护气体的选择

材料	厚度/mm	采用的保护气体
铝及其合金	<3	Ar
	>3	
碳钢	<3	Ar
	>3	
不锈钢	<3	Ar
	>3	Ar、Ar-He
镍合金	<3	Ar
	>3	Ar-He

（续）

材料	厚度/mm	采用的保护气体
铜	<3	Ar、Ar-He
	>3	Ar、He
钛及其合金	<3	Ar
	>3	Ar、Ar-He

4. 氩气的使用与管理

（1）气瓶检验　气瓶颈部的检验钢印表明该气瓶在允许年限以内，并有气瓶制造厂的钢印标记时方可使用，气瓶表面的字体标注必须与充装的气体一致。

（2）储存和运输　在储存、运输氩气时，为避免气瓶直接受热（暴晒、靠近暖气、锅炉等），应储存在阴凉、通气良好的室内。存放时，应有支架固定，防止撞击倾倒。运输时，气瓶应旋紧瓶帽，轻装轻卸，严禁从高处抛、滑或碰撞；气瓶在车上要固定好，汽车装运气瓶时应横放，头部朝向一个方向，装车高度不允许超过车厢高度，最好采用集装框架立放。夏季要有遮阳措施，防止暴晒。

（3）工作前安全检验　工作前要认真检查瓶阀及接管螺纹是否完好，气瓶试压日期是否过期。检查气瓶瓶阀和减压器有无漏气、表针是否转动不灵等现象。检查时，可涂少量的肥皂水，切忌使用明火照明。冬季使用时，必须检查瓶阀和减压器有无冻结现象，若有冻结，应用热水或水蒸气解冻，严禁用明火烘烤或铁器敲打。要检查瓶体是否和电焊设备导体接触，应采取适当措施防止气瓶带电。气瓶在工作现场时，应检查气瓶是否牢固直立，应用适当的依托物将气瓶固定。气瓶的存放环境，应远离明火、锅炉、砂轮以及熔融金属飞溅物等热源10m以上。必要时，可设置防护隔板将气瓶和热源隔离开。工作场地附近应设有消防栓和干粉、二氧化碳灭火器等消防器材。

（4）气瓶的使用和管理　气瓶应配装专用减压器，开启时，操作者应站在瓶阀口的侧后方，动作要轻缓。开启顺序应是先开高压阀，再开低压阀。关闭时与开启顺序相同。禁止敲击和碰撞，气瓶不准靠近热源。瓶内气体不能用尽，剩余气压应在 0.5～1MPa，以防止空气及其他气体倒流入瓶内。气瓶应按类别存放，切忌不同气瓶混放。气瓶应按要求进行定期技术检验，对过期未检的气瓶应停止使用。使用新气瓶应按气瓶安全检查规程仔细检查标牌和钢印，不符合规定的，应停止使用。对于无防护帽、防护圈的气瓶，严禁用车辆运输。

5. 氩气流量的选择

通常焊枪选定以后，喷嘴直径很少能改变，因此当喷嘴直径确定以后，决定保护效果的是氩气流量。氩气流量太小时，保护效果差。氩气流量太大时，容易产生紊流，保护效果也不好。保护气体流量合适时，喷出的气流是层流，保护效果好。氩气流量通常小于15L/min，一般选用 7～12L/min。

在实际工作中，通常由操作人员试焊来选择气体流量，流量合适时，熔池平稳，表面明亮没有夹渣，焊缝外形美观，且没有氧化痕迹；如果流量不合适，熔池表面有夹渣，焊缝表面发黑或有氧化皮，选择氩气流量还要考虑下列因素：

（1）外界气流和焊接速度的影响 焊接速度越大保护气流遇到的空气阻力越大，它使保护气体偏向运动的反方向；若焊接速度太大，将失去保护。因此，在增加焊接速度的同时应适当增加气体的流量，在有风的地方焊接时，应适当增加氩气的流量。一般情况下应避免在有风的地方焊接。

（2）焊接接头形式的影响 对接接头和 T 形接头焊接时，一般的氩气流量即具有良好的保护效果，在焊接时不必采用其他工艺措施。而在进行端头焊和端头角焊时，除增加氩气流量外，还应加挡板。

在气瓶上要安装气体调节器，如图 2-9 所示。

6. 氩气保护效果的评定

氩气保护效果是评定焊枪工作性能好坏的重要指标之一，通常用焊点试验法进行测试，采用交流手工钨极氩弧焊，在铝板上点焊。试验过程中保持氩气流量、焊接电流、电弧长度和通电时间不

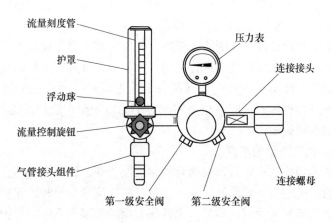

图 2-9　气体调节器

变，电弧引燃后固定不动，待燃烧5~6s 后断开电源，铝板上就会出现一个焊点，在焊点周围会出现一圈具有金属光泽的银白色区域，称为去氧化膜区，如图 2-10 所示。除去氧化膜的区域是氩气的有效保护区，其直径越大，保护效果越好。在工作中，如果气瓶离自己较远，不方便查看气流大小时，可以将喷嘴对准脸部来感觉气流大小，熟练了就可以大概判断气体流量大小。需要注意的是为保证氩气纯度，氩气瓶内的气体压力为0.5MPa 时，应该换气，不可使用完。

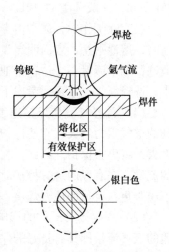

图 2-10　氩气有效保护区域

7. 氩气保护效果

手工钨极氩弧焊时氩气连续地由喷嘴中流出，将周围的空气排开，将电弧和焊接区域保护起来。由于氩气保护层是柔性的，极易受外界因素干扰，其保护效果常受下列因素影响：

（1）氩气纯度　氩气的纯度对焊接质量影响很大，不纯的氩气易使焊缝氧化、氮化，使焊缝变脆变硬，破坏其气密性。不同的母材材质对氩气的纯度有不同的要求，化学性质活泼的金属和合金对氩气的纯度要求较高。表2-6是不同工件母材材质手工钨极氩弧焊时对氩气纯度的要求。

表2-6 不同母材材质对氩气纯度的要求

母材材质	氩气纯度（体积分数,%）
不锈钢	>99.7
铝、镁及其合金	>99.9
耐高温合金	>99.95
钛、钼、铌、锆及其合金	>99.98

（2）氩气流量 当喷嘴直径一定，氩气流量增加时，氩气保护层抵抗流动空气影响的能力也增加。若氩气流量过大，不仅浪费氩气，而且使保护层产生紊流，反会使空气卷入，降低保护效果。另外当氩气的流量过大时，带走电弧区的热量也多，不利于电弧稳定燃烧，所以氩气流量要选择适当。

（3）喷嘴直径 喷嘴直径与氩气流量同时增加，则扩大保护区，保护效果更好，但喷嘴直径过大时不仅增加氩气的消耗，而且对有些位置，可能因喷嘴过大而不易焊接或影响焊工视线，因此常用的喷嘴直径取8～20mm为宜。

（4）焊接速度 氩气保护层是柔性的，当遇到侧向空气吹动或焊接速度过快时，则氩气气流会弯曲，使保护效果减弱。另外由于焊接速度太快，会使正在凝固和冷却的焊缝金属和母材金属被氧化。因此用手工钨极氩弧焊焊接时应注意气流的干扰以及选择合适的焊接速度。

（5）喷嘴至工件的距离 喷嘴与工件相距越远，则空气越容易沿工件的表面侵入熔池，保护气层也易受到流动空气的影响而发生摆动，使气体的保护效果降低。喷嘴与工件的距离越近，保护效果越好，但是太近将影响焊工的视线，因此通常喷嘴至工件的距离取5～15mm。

（6）焊接接头形式 不同的接头形式会使气体产生不同的保

护效果，如图 2-11 所示，焊接对接接头和 T 形接头时，由于氩气被挡住并反射回来，所以保护效果较好；焊接搭接接头和角接接头时，空气容易侵入电弧区，保护效果差，可在焊接区域设置临时挡板，以改进保护条件。

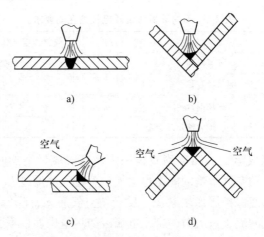

图 2-11　不同接头形式的氩气保护效果

a）对接接头　b）T 形接头　c）搭接接头　d）角接接头

对于一些重要的工件，由于焊接质量要求较高，在焊接时为了更有效地保护焊接接头，通常对工件的背面也进行氩气保护。例如，在焊接管道时可在管子内通氩气；在焊接不锈钢、铝及铝合金等工件时，可在背面采用氩气罩的方式进行保护，如图 2-12 所示。

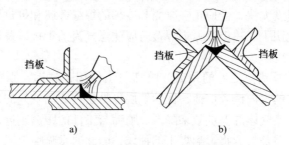

图 2-12　手工钨极氩弧焊时的临时挡板

a）搭接接头　b）角接接头

通常氩气的保护效果可以根据焊缝的表面色泽和是否有气孔等来判断。焊接不锈钢或钛合金时的焊缝表面色泽见表2-7。

表 2-7 焊缝表面色泽观察表

母材材质	最好	良好	较好	不良	不好
不锈钢	银白或金黄	蓝色	红灰	灰色	黑色
钛合金	亮银白色	橙黄色	蓝紫色	青灰色	粉白色

2.2.6 水冷系统和供气系统的维护

1. 水冷系统

一般许用电流大于150A的焊枪都是水冷式，是用流动水冷却焊枪和钨极。对于手工水冷式焊枪，通常将焊接电缆装入通水软管中做成水冷电缆，大大提高了电流密度，减轻了电缆重量。有的还在水路中接入水压开关，保证冷却水具有一定的压力。水冷系统如图2-13所示。

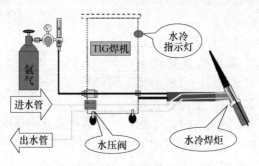

图2-13 水冷系统

2. 供气系统

供气系统由高压气瓶、减压器、流量计和电磁气阀组成，如图2-14所示。

高压气瓶内储存高压保护气体，减压器将高压气瓶内的高压气体降至焊接时所需要的压力。流量计用来调节和测量气体的流量，流量计的刻度出厂时是按空气标准标定，用于氩气时要加以修正。

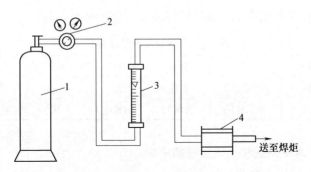

图 2-14 供气系统

1—高压气瓶　2—减压器　3—流量计　4—电磁气阀

电磁阀通过控制系统来控制气流的通断，通常把流量计和减压器做成一体。

氩气瓶的最大压力为 15MPa，容积一般为 40L。

气体流量计是标定气体流量大小的装置，常用的流量计有 LZB 型转子式流量计、LF 型浮子式流量计和 301-1 型浮标式减压、流量组合式流量计等。LZB 型转子式流量计的体积小，调节灵活，可装在焊机面板上，其构造如图 2-15 所示。

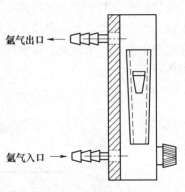

图 2-15 LZB 型转子式流量计结构示意图

流量计的计量部分由一个垂直的玻璃管与管内的浮子组成，锥形玻璃管的大端在上面，浮子可沿轴线方向上下浮动。当气体流过时，浮子的位置越高，表明氩气的流量越大。

2.2.7 常见钨极氩弧焊机

根据焊接材料的不同，所选用的焊机型号也不相同，表 2-8 列出了常见钨极氩弧焊机的型号、技术数据及使用范围。

表2-8 常见钨极氩弧焊机的型号、技术数据及使用范围

焊机名称	焊机型号	工作电压 /V	额定电流 /A	电极直径 /mm	主要用途
手工钨极氩弧焊机	NSA-300-1	20	300	1~5	铝及铝合金的焊接，厚度为1~6mm
交流手工氩弧焊机	NSA-400	12~30	400	1~7	焊接铝及铝合金
	NSA-500-1	20	500	1~7	
直流手工氩弧焊机	NSA1-300-2	12~20	300	1~6	焊接不锈钢及铜等金属
交直流手工钨极氩弧焊机	NSA2-160	15	160	0.5~3	焊接厚度在3mm以下的不锈钢、铜、铝等
直流手工氩弧焊机	NSA1-400	30	400	1~6	焊接1~10mm不锈钢及铜等金属
交直流自动氩弧焊机	NZA2-300-2	12~20	300	1~6	焊接不锈钢、耐热钢、镁、铝及其合金
交直流两用手工氩弧焊机	NZA2-250	10~20	250	1~6	焊接铝及合金，不锈钢、高合金钢、纯铜等
手工钨极氩弧焊机	NSA4-300	25~30	300	1~5	焊接不锈钢、铜及其他非铁金属构件
交直流氩弧焊机	WSE-160	16.4	160	1~3	交直流手工焊和氩弧焊
	WSE-250	20	250	1~4	用于交直流氩弧焊
	WSE-315	22.6	315	1~4	交直流手工焊和氩弧焊
	WSE5-315	33	315	1~4	
直流手工钨极氩弧焊机	WS-200	18	200	1~3	用于不锈钢、铜、银、钛等合金的焊接
	WS-250	22.5	250	1~4	
	WS-300	24	300	1~4	
	WS-400	—	400	1~5	

（续）

焊机名称	焊机型号	工作电压/V	额定电流/A	电极直径/mm	主要用途
交流手工氩弧焊机	WSJ-300	—	300	1~4	用于铝及铝合金的焊接
	WSJ-400	—	400	1~5	
脉冲氩弧焊机	WSM-250	—	250	1~4	用于不锈钢、铜、银、钛等合金的焊接
	WSM-400	—	400	1~5	
交流手工钨极氩弧焊机	WSJ-500	—	500	1~7	用于铝及铝合金的焊接
	WSJ-630	—	630	1~7	

2.2.8 钨极氩弧焊机的维护保养

1）焊机外壳必须接地，以免造成危险。

2）保持焊机清洁，定期用干燥的压缩空气进行清洁。

3）注意焊枪冷却水系统的工作情况，以防烧坏焊枪。

4）氩气瓶要严格按照高压气瓶的使用规定执行。

5）定期检查焊接电源和控制部分继电器、接触器的工作情况，发现触点接触不良时，及时修理或更换。

6）注意供气系统的工作情况，发现漏气时应及时解决。

7）及时更换烧坏的喷嘴。

8）工作完毕或离开现场时，必须切断焊接电源，关闭水源及氩气瓶阀门。

2.2.9 钨极氩弧焊机的常见故障及产生原因

手工钨极氩弧焊机的常见故障及产生原因见表2-9。

表2-9　手工钨极氩弧焊机的常见故障及产生原因

故障特征	可能产生原因	消除方法
焊机起动后，无保护气体输送	① 电磁气阀故障 ② 气路堵塞 ③ 控制线路故障	检修

（续）

故障特征	可能产生原因	消除方法
焊接电弧不稳	① 焊接电源故障 ② 消除直流分量线路故障 ③ 脉冲稳弧器不工作	检修
焊机起动后，高频振荡器工作，引不起电弧	① 焊件接触不良 ② 网络电压太低 ③ 接地电缆太长 ④ 钨极形状或伸出长度不合适	① 清理焊件 ② 提高网络电压 ③ 缩短接地电缆 ④ 调整钨极伸出长度或更换钨极
焊机不能正常起动	① 焊枪开关故障 ② 控制系统故障 ③ 起动继电器故障	检修
电源开关接通，指示灯不亮	① 开关损坏 ② 指示灯坏 ③ 熔断器烧断	① 更换开关 ② 更换指示灯 ③ 更换熔断器

2.2.10 钨极氩弧焊设备与焊接工艺禁忌

1. 钨极氩弧焊设备禁忌

钨极氩弧焊焊铝合金忌选用直流弧焊电源。在铝合金的 TIG 焊工艺中，两个物理现象影响着焊接：一是铝合金工件高温状态时形成的熔池表面的氧化铝阻焊膜的破碎现象；二是 TIG 焊时钨电极的高温烧损现象。铝合金的 TIG 焊接工艺能否进行，焊接质量的好坏，都与这两个现象相关。

2. 钨极氩弧焊工艺禁忌

（1）在一般焊接中忌使用直流反接焊法　直流钨极氩弧焊时阳极的发热量远大于阴极，所以用直流正接（工件接正）焊接时，钨极因发热量小不易过热，同样直径的钨极可以采用较大电流。此时，工件发热量大，熔深也大，生产率高，钨极热电子发射能力比工件强，使电弧稳定而集中。因此，大多数金属（除铝、镁及其合金外）宜采用直流正接焊接。直流反接焊接时情况与上述相反，一般不推荐使用。

（2）忌采用接触引弧方法　接触引弧，即将钨极末端与工件直接短路，然后迅速拉开而引燃电弧。这种引弧方法可靠性差，钨极容易烧损，混入焊缝中的金属钨又会造成"夹钨"缺陷。因此，接触引弧有很多弊端，不宜采用。

（3）热丝钨极氩弧焊忌使用铝、铜焊丝　利用附加电源在焊丝前段产生的电阻热可将焊丝加热至预定温度，从而提高焊接的熔敷速度。但对于铝和铜，由于电阻率小，要求有很大的加热电源，从而造成过大的电弧磁偏吹和熔化不均匀，所以热丝焊接不宜采用铝、铜焊丝。

（4）焊接电流过大时忌采用尖圆锥角钨极　焊接电流较大时使用细直径尖圆锥角钨极，会使电流密度过大，造成钨极末端过热熔化并增加烧损。同时，电弧斑点也会扩展到钨极末端锥面上，使弧柱明显扩展、飘荡不稳，影响焊缝成形。因此，大电流焊接时应选用直径较粗的钨极，并将其末端磨成钝圆锥角。

（5）气体保护焊忌采用过大的焊接速度　焊接速度的大小主要由工件厚度决定，并和焊接电流、预热温度等配合，以保证获得所需的熔深和熔宽。但在高速自动焊时，还要考虑焊接速度对气体保护效果的影响，不宜采用过大的焊接速度。因为焊接速度过大，保护气流严重偏后，可能使钨极端部、弧柱和熔池暴露在空气中，从而影响保护效果。

（6）喷嘴到工件的距离忌过大或过小　喷嘴到工件的距离体现了电极伸出长度和弧度的相对长短。在电极伸出长度不变时，改变喷嘴到工件的距离，既改变了弧长的长短，又改变了气体保护的状态。若喷嘴到工件的距离拉大，则电弧的锥形底面将变大，气体保护效果将大受影响。但距离太近，不仅会影响视线，且容易使钨极与熔池接触，产生夹钨缺陷。一般喷嘴顶部与工件的距离在8～14mm之间。

（7）气体流量和喷嘴直径忌超过应有范围　在一定条件下，气体流量和喷嘴直径有一个最佳配合范围。对手工氩弧焊而言，当流量为5～25L/min时其对应的喷嘴直径为5～20mm。在此范围内，气流过小或喷嘴直径过大，会使气流挺度差，排除周围空气的能力弱，保护效果不佳；若气流太大或喷嘴直径过小，会因气流速度过高而形成紊流，这样不仅缩小了保护范围，还会使空气卷入，降低保护效果。

（8）平焊时焊枪忌跳跃式运动 平焊是较容易掌握的一种焊接位置，适于手工焊和自动焊。焊接时钨极与工件的位置要准确，焊枪角度要适当，要特别注意电弧的稳定性和焊枪移动速度的均匀性，以确保焊缝的熔深、熔宽均匀一致。手工焊时宜采用左向焊法，焊枪做均匀的直线运动。为了获得一定的熔宽，焊枪允许横向摆动，但不宜跳动。填充丝的直径一般不超过 3mm。

2.3 氩弧焊基本操作技术

2.3.1 钨极氩弧焊操作规程

1. 准备工作

1）熟悉产品图样及工艺规程，掌握施焊位置、尺寸和要求，合理地选择施焊方法及顺序。依据工艺文件和产品图样要求，正确选择焊丝。

2）清理好工作场地，准备好辅助工具和防护用品，不要在风口处或强制通风的地方施焊。

3）将氩弧焊枪、氩气接头、电缆快速接头、控制接头分别与焊机的相应插座连接好。工件通过焊接地线与"+"接线柱连接。检查焊机上的调整机构、导线、电缆及接地是否良好。检查焊枪是否正常，枪把绝缘是否良好，地线与工件连接是否可靠，水路、气路是否畅通，高频或脉冲引弧和稳弧器是否良好。

4）检查工件坡口，坡口内不得有焊渣、泥土、油污、砂粒等物存在，在焊缝两侧 20mm 范围内不得有油、锈，焊丝应进行脱脂除锈。

5）检查胎具的可靠性，对工件需预热的还要检查预热设备、测温仪器。

6）接好电源后，根据焊接需要选择交流氩弧焊或直流氩弧焊，并将线路切换开关和控制切换开关扳到交流（AC）档或直流（DC）档。

7）将焊接方式切换开关置于"氩弧"位置。

8）打开氩气瓶和流量计，将开关拨到"试气"位置，此时气体从焊枪中流出，调好气流后，再将开关拨到"焊接"位置。

9）焊接电流的大小，可用电流调节手轮进行调节，顺时针旋转电流减小，逆时针旋转电流增大，电流调节范围可通过电流大小转换开关来限定。

10）选择合适的钨棒及对应的卡头，再将钨棒磨成合适的锥度，并装在焊枪内，上述工作完成后按动焊枪上的开关即可进行焊接。

2. 安全技术

1）穿戴好个人防护用品，应在通风良好的环境下工作，工作场地严防潮湿和存有积水，严禁堆放易燃物品。

2）工件接地可靠，用直流电源焊接时要注意减少高频电压下的作业时间，引弧后要立即切断高频电源。

3）冬季施焊后，一定要用压缩空气将整个水路系统中的水吹净，以免冻坏管道。

4）修磨钨极时要戴专用手套和口罩。

2.3.2 焊枪操作要点

1. 持枪方法

正确选择和掌握持枪方法，是焊接操作顺利进行与获得高质量焊缝的保证。持枪方法如图 2-16 所示。

1）图 2-16a 为 T 形焊枪握法之一，用于 150A、200A、300A T 形焊枪，应用较广。

2）图 2-16b 为 T 形焊枪握法之二，用于 150A、200A T 形焊枪。此种握法最稳，适用于焊接要求严格处。

3）图 2-16c 为 T 形焊枪握法之三，用于 500A T 形焊枪，焊接厚板及立焊、仰焊时多采用此种握法，对于 150A、200A、300A T

形焊枪也可采用此种握法。

对于操作不熟练者，在采用图 2-16c 中持枪方法时，可将其余三指触及焊缝旁作为支点，也可用其中两指或一指作为支点。要稍用力握住焊枪，这样才能有效地保证电弧长度稳定。左手持焊丝，严防焊丝与钨极接触，以免产生飞溅、夹钨，破坏气体保护层，影响焊缝质量。

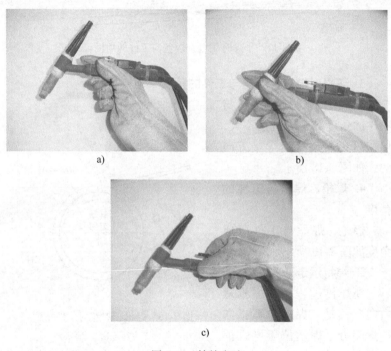

a)　　　　　　　　　　　　　　b)

c)

图 2-16　持枪方法

a）双指握法　b）三指握法　c）全手握法

2. 平焊时焊枪、焊丝与工件的角度

在平焊时，焊枪、焊丝与工件的角度如图 2-17 所示。焊枪角度过小，会降低氩气保护效果。角度过大，操作和填加焊丝比较困难。对某些易被空气污染的材料，如钛合金等，应尽可能使焊枪与工件夹角为 90°，以确保氩气保护效果良好。

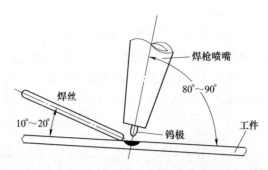

图 2-17　平焊时焊枪、焊丝与工件的角度

3. 环焊时焊枪、焊丝与工件的角度

环焊时，焊枪、焊丝与工件的角度和平焊区别不大，但工件的转动是逆焊接方向的，如图 2-18 所示。

4. 焊枪、焊丝与工件的角度

焊枪、焊丝与工件所成角度如图 2-19 所示。

5. 焊枪运走形式

在焊接过程中，焊枪从右向左移动，焊接电弧指向待焊部分，焊丝位于电弧前

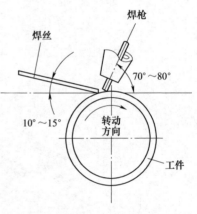

图 2-18　焊枪、焊丝与工件角度

面的方法叫作左焊法。在焊接过程中，焊枪从左向右移动，焊接电

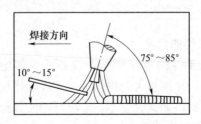
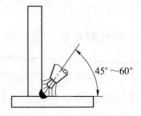

图 2-19　焊枪、焊丝与工件的角度

弧指向已焊部分，焊丝位于电弧后面的方法叫作右焊法。

左焊法便于观察和控制熔池温度，操作者易于掌握，适宜于焊接薄板和对焊接质量要求较高的不锈钢、高温合金。由于电弧指向未焊部分，有预热作用，故焊接速度快，焊道窄，焊缝在高温停留时间短，对细化焊缝金属晶粒有利。

右焊法不便于观察和控制熔池，但由于右焊法焊接电弧指向已凝固的焊缝金属，使熔池冷却缓慢，有利于改善焊缝金属组织，减少产生气孔、夹渣的可能性。在相同热输入时，右焊法比左焊法熔深大，适合于焊接厚度较大、熔点较高的工件。

钨极氩弧焊一般采用左焊法，焊枪作直线移动，但为了获得比较宽的焊道，保证两侧熔合质量，氩弧焊枪也可作横向摆动，同时焊丝随焊枪的摆动而动。为了不破坏氩气对熔池的保护，摆动频率不能太高，幅度不能太大，喷嘴高度保持不变。常用的焊枪运走形式有直线移动和横线摆动两种。

（1）直线移动　根据所焊材料和厚度不同，通常有直线匀速移动和直线断续移动两种方法。

1）直线匀速移动是指焊枪沿焊缝作平稳的直线匀速移动，适合于不锈钢、耐热钢等薄件的焊接。其优点是电弧稳定，避免焊缝重复加热，氩气保护效果好，焊接质量稳定。

2）直线断续移动主要用于中等厚度材料（3~6mm）的焊接。在焊接过程中，焊枪按一定的时间间隔停留和移动。一般在焊枪停留时，当熔池熔透后，加入焊丝，接着沿焊缝纵向作间断的直线移动。

（2）横向摆动　根据焊缝的尺寸和接头形式的不同，要求焊枪作小幅度的横向摆动，按摆动方法不同，可分为月牙形摆动、斜月牙形摆动和 r 形摆动三种形式。

1）月牙形摆动是指焊枪的横向摆动是划弧线，两侧略停顿并平稳向前移动，如图 2-20 所示。这种运动适用于大的 T 形角焊、厚板的搭接角焊、开 V 形及 X 形坡口的对接焊或特殊要求加宽的焊接。

2）斜月牙形摆动是指焊枪在沿焊接方向移动过程中划倾斜的

圆弧，如图 2-21 所示。这种运动适用于不等厚的角接焊和对接焊的横向焊缝。焊接时，焊枪略向厚板一侧倾斜，并在厚板一侧停留时间略长。

图 2-20　月牙形摆动

图 2-21　斜月牙形摆动

3）r 形摆动是焊枪的横向摆动呈类似 r 形的运动，如图 2-22 所示。这种方法适用于不等厚板的对接接头。操作时焊枪不仅作 r 形运

图 2-22　r 形摆动

动，而且焊接时电弧稍偏向厚板，使电弧在厚板一侧停留时间稍长，以控制焊缝两侧的熔化速度，防止薄板烧穿而厚板未焊透。

2.3.3　引弧和收弧操作要点

1. 引弧

手工钨极氩弧焊一般有引弧器引弧和短路引弧两种方法。

（1）引弧器引弧　包括高频引弧和高压脉冲引弧，如图 2-23 所示。高频引弧是利用高频振荡器产生的高频高压击穿钨极与工件之间的气体间隙而引燃电弧，高压脉冲引弧是在钨极与工件之间加一个高压脉冲，使两极间气体介质电离而引燃电弧。

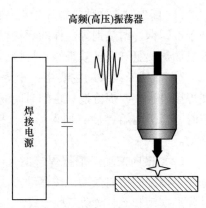

图 2-23　引弧器引弧

高频引弧与高压脉冲引弧操作时钨极不与工件接触，保持 3～4mm 的距离，通过焊枪上的起动按钮直接引燃电弧。引弧处不能在工件坡口外面的母材上，以免造成弧斑，损伤工件表面，引起腐

蚀或裂纹。引弧处应在起焊处前 10mm 左右,电弧稳定后,移回焊接处进行正常焊接。此种引弧法效果好,钨极端头损耗小,引弧处焊接质量高,不会产生夹钨缺陷。

(2)短路引弧 短路引弧是钨极与引弧板或工件接触引燃电弧的方法。按操作方式,又可分为直接接触引弧和间接接触引弧。

1)直接接触引弧是指钨极末端在引弧板表面瞬间擦过,像划弧似的逐渐离开引弧板,引燃后将电弧带到被焊处焊接,引弧板可采用纯铜或石墨板。引弧板可安放在焊缝上,也可错开放置,如图 2-24 所示。

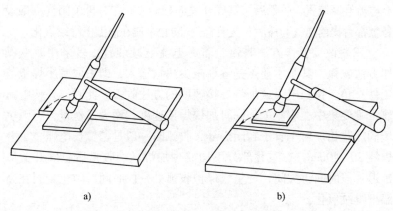

图 2-24 直接接触引弧

a)压缝式 b)错开式

2)间接接触引弧是指钨极不直接与工件接触,而是将末端离开工件 4~5mm,利用填充焊丝在钨极与工件之间,从内向外迅速划擦过去,使钨极通过焊丝与工件间接短路引燃,引燃后将电弧移至施焊处焊接。划擦过程中,如焊丝与钨极接触不到可加大角度,或减小钨极至工件的距离,如图 2-25 所示。此法操作简便,应用广泛,不易产生粘结。

一定注意不允许钨极直接与试板或坡口面接触引弧。

短路引弧的缺点是引弧时钨极损耗大,钨极端部形状容易被破坏,所以仅当焊机没有引弧器时才使用。

2. 收弧

收弧是保证焊接质量的重要环节，若收弧不当，易引起弧坑裂纹、烧穿、缩孔等缺陷，影响焊缝质量。一般采用以下几种收弧方法。

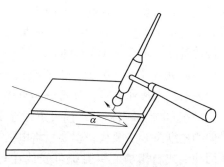

图 2-25　间接接触引弧

（1）利用电流衰减装置　一般氩弧焊设备都配有电流衰减装置，收弧后，氩气开关应延时 10s 左右再关闭（一般设备上都有提前送气与滞后关气装置），防止金属在高温下继续氧化。

（2）改变操作方法收弧　若无电流衰减装置，多采用改变操作方法收弧，其基本要点是逐渐减少热量输入，即采取减小焊枪与工件夹角、拉长电弧或加快焊接速度的方法收弧。此时，要使电弧热量主要集中在焊丝上，同时加快焊接速度，增大送丝量，将弧坑填满后收弧。对于管子封闭焊缝，收弧时一般是稍拉长电弧，重叠焊缝 20～40mm，在重叠部分不加或少加焊丝。收弧后氩气开关应延迟一段时间再关闭，使氩气保护收弧处一段时间，防止金属在高温下继续氧化。

当焊至焊件末端时，应减小焊枪与工件的夹角，加大焊丝填充量以填满弧坑，同时为防止产生气冷缩孔，收弧时必须将电弧引至坡口一侧后熄弧，如图 2-26 所示，并延时送气 3～5s，以防熔池金属在高温下氧化。

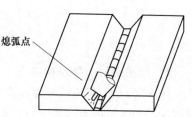

图 2-26　正确的熄弧位置

2.3.4　填丝操作要点

1. 连续填丝和断续填丝

（1）连续填丝法　这种方法对保护层的扰动小，它要求焊丝比较平直，将焊丝夹持在左手大拇指的虎口处，前端夹持在中指和无名指之间，靠大拇指来回反复均匀的用力，推动焊丝向前送向熔池中。中指和无名指夹稳焊丝并控制和调节方向，手背可依靠在工件上增加其稳定性，大拇指的往返推动频率可由填充量及焊接速度而定，如图 2-27 所示。连续填丝时手臂动

图 2-27　连续填丝操作方法

作不大，待焊丝快用完时才前移。采用连续填丝法，对于要求双面成形的工件，速度快且质量好，可以有效地避免内部凹陷。

（2）断续填丝法　以左手拇指、食指、中指捏紧焊丝，焊丝末端始终处于氩气保护区内。手指不动，只起夹持作用，靠手或小臂沿焊缝前后移动和手腕的上下反复动作，将焊丝填加入熔池。此方法适用于对接间隙较小、有垫板的薄板或角焊缝的焊接，在全位置焊接时多采用此方法。但此方法使用电流小，焊接速度较慢，当坡口间隙过大或电流不合适时，熔池温度难以控制，易产生塌陷。

2. 焊丝送入熔池的方式

（1）压入法　如图 2-28a 所示，用手将焊丝稍向下压，使焊丝末端紧靠在熔池边沿。该方法操作简单，但是因为手拿焊丝较长，焊丝端头不稳定易摆动，造成送丝困难。

（2）续入法　如图 2-28b 所示，将焊丝末端伸入熔池中，手往前移动，使焊丝连续加入熔池中。该方法适用于细焊丝或间隙较大的接头，但不易保证焊接质量，很少采用。

（3）点移法　如图 2-28c 所示，以手腕上下反复动作和手往后慢慢移动，将焊丝逐步加入熔池中。采用该方法时由于焊丝的上下反复运动，当焊丝抬起时在电弧作用下，可充分地将熔池表面的氧化膜去除，从而防止产生夹渣，同时由于焊丝填加在熔池的前部边缘，有利于减少气孔，因此应用比较广泛。

（4）点滴法　如图 2-28d 所示，焊丝靠手的上下反复动作，将焊丝熔化后的熔滴滴入熔池中。该方法与点移法的优点相同，所以比较常用。

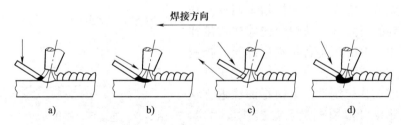

图 2-28　焊丝送入熔池的方式
a）压入法　b）续入法　c）点移法　d）点滴法

3. 填丝注意事项

1）必须等坡口两侧熔化后才能填丝，以免造成熔合不良。

2）不要把焊丝直接放在电弧下面，以免发生短路，送丝部位如图 2-29 所示。

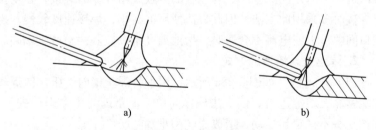

图 2-29　送丝的正确位置
a）正确　b）不正确

3）夹持焊丝不能太紧，以免送丝不动。送丝时，注意焊丝与工件的夹角为 15°，从熔池前沿点进，随后撤回，如此反复动作。焊丝端头应始终处在氩气保护区内，以免高温氧化，造成焊接缺陷。

4）焊丝加入动作要熟练、速度要均匀。如果速度过快，焊缝余高大；过慢则焊缝易出现下凹和咬边现象。

5）坡口间隙大于焊丝直径时，焊丝应随电弧作同步横向摆动，送丝速度均应与焊接速度相适应。

6）撤回焊丝时，不要让焊丝端头撤出氩气保护区，以免焊丝端头被氧化，在下次点进时，被氧化焊丝进入熔池，造成氧化物夹渣或产生气孔。

7）不要使钨极与焊丝相碰，否则会发生短路，产生很大的飞溅，造成焊缝污染或夹钨。

8）不要将焊丝直接伸入熔池中央或在焊缝内横向来回摆动。

2.3.5 定位焊操作要点

在实际生产中为了保证工件尺寸，防止焊接时由于工件受热膨胀导致工件对接错位，影响焊接的正常进行和焊缝成形，需要进行定位焊。定位焊缝将来是焊缝的一部分，必须焊牢，如果是单面焊双面成形，定位焊要焊透，必须按正式焊接工艺要求焊定位焊，且不允许有焊接缺陷。在施焊前，应将定位焊缝两端磨成斜坡形，以便于接头。

定位焊缝的间距是根据被焊工件材料的种类、厚度及接头形式而定的。不锈钢由于比低碳钢的线胀系数大，焊缝收缩大，故间距应小一些。对于较薄的和易变形的工件，间距也应减小。对于刚性较大和裂纹倾向大的工件，由于定位焊缝易开裂，此时应采取长定位焊缝并增加定位焊缝数，见表2-10。

表 2-10 定位焊缝的间距

板厚/mm	0.5~0.8	1~2	>2
定位焊缝间距/mm	≈20	50~100	≈200

对于环形焊缝，定位焊缝的数量应根据管子直径大小而定，定位焊缝太多，不利于接头，太少易引起焊缝收缩，不利于焊接操作。一般来说，管径小于 $\phi57mm$ 时用一点定位；管径为 $\phi89 \sim 133mm$ 时用二点定位；管径为 $\phi159 \sim 219mm$ 时采用三点定位。管子直径越大，定位焊点数目相对要增加。

定位焊缝不能太高，以免正式焊接时造成该处接头困难。如果碰到这种情况，最好将定位焊缝两端磨成斜坡，以便焊接时顺利接头。如果定位焊缝上发现裂纹、气孔等缺陷，应将该段定位焊缝打磨掉重焊，不许用重熔的办法修补。

2.3.6　焊接操作要点

引弧后，将电弧移至始焊处或定位焊缝处，对工件加热，当母材出现"出汗"即熔化状态时，填加焊丝。初始焊接时，为了避免引起裂纹，焊接速度应慢些，多填加焊丝，使焊缝增厚。

焊接时要掌握好焊枪角度及送丝位置，力求送丝均匀，才能保证焊缝成形良好。同时要控制好熔池温度，当发现熔池增大，焊缝变宽变低，出现下凹时，说明熔池温度过高，这时应迅速减小焊枪与工件的夹角，加快焊接速度。当熔池过小，焊缝窄而高时，说明熔池温度过低，这时应增大焊枪与工件的夹角，减少焊丝的送入量，减慢焊接速度，直至均匀为止，这样才能保证焊缝成形良好。

为了获得比较宽的焊道，保证坡口两侧的熔合质量，氩弧焊枪可以横向摆动，摆动幅度以不破坏熔池的保护效果为原则，由操作者灵活掌握。

焊接过程中，如钨极与工件发生短路，将会产生飞溅和烟雾，造成焊缝夹钨和污染。这时应立即停止操作，用角向砂轮磨掉夹钨和污染处，直至露出金属光泽。对钨极也要进行更换或修磨，方可继续施焊。

2.3.7　焊缝接头操作要点

由于在焊接过程中需要更换钨极、焊丝等，因此接头是不可避免的，应尽可能设法控制接头质量。

焊缝接头是两段焊缝交接的地方，对接头的质量控制非常重要。由于温度的差别和填充金属量的变化，该处易出现超高、缺肉、未焊透、夹渣、气孔等缺陷。所以焊接时应尽量避免停弧，减少冷接头个数。一般在接头处要有斜坡，不留死角，重新引弧的位置在原弧坑后面，须在待焊处前方 5～10mm 处引弧，稳弧之后将电弧拉回接头后面，使焊缝重叠 20～30mm。重叠处一般不加或只加少量焊丝，熔池要熔透到接头根部，以保证接头处熔合良好。

2.3.8 摆动焊操作要点

摆动焊接技术是焊枪焊嘴靠近母材坡口一侧引燃电弧，大拇指沿食指指尖方向摩擦送丝，形成熔滴、熔池，然后利用手腕的摆动使焊嘴扇形滚动摆动，利用熔滴的表面张力作用来填充坡口的一种手工钨极氩弧焊接方法。此技术特点是以焊嘴两侧在母材上的支撑为依托，电弧摇摆的宽度呈 8 字形前进，配合合适的焊接参数可以很好地控制热输入量，从而得到外观鱼鳞纹焊缝。

（1）送丝方法　大拇指与食指、中指紧夹焊丝，用大拇指沿食指指尖方向靠摩擦向前推动焊丝，焊丝从无名指和小拇指中间穿出，起定位作用。摆动送丝法的特点是续丝稳而快，不间断，均匀的摆动加大了 Ar 的保护圈，更好地保证了焊缝的质量。特别是不锈钢、非铁金属材料焊接，熔池均匀、气体保护得当，焊缝外观更美观，稳定性好又减少了坡口两侧的咬边现象。焊嘴轻轻挨着坡口（起支撑作用）一侧停留并引燃电弧形成熔池，靠大拇指与食指摩擦送丝，随着焊嘴（热源及氩气流保护迁移的方向）的摆动，熔滴在牵引力和表面张力作用下从坡口另一侧与该侧母材相连，等熔滴与另一侧母材形成稳定的熔池、焊缝后再摇摆回到母材原来一侧，如此反复，形成的焊缝两侧熔合良好，不易产生咬边及未焊透、未熔台，由于焊丝一直没有脱离氩气的保护圈，故焊缝内部、表面质量都能够保证。

（2）成形美观　摆动焊时焊嘴是靠在坡口内或焊好的焊缝上摆动的，有较好的稳定性，以焊嘴作为支点进行月牙形左右或上下摆动十分容易掌握，有经验的操作者在盖面时根据焊缝的宽窄、深浅、温度等选择适当的前移量、频率、速度、送丝方法，尽量减少宽度差，基本上能焊出较平整的金黄色的漂亮的合格焊缝。

由于摆动焊采用小电流、快速焊、小规范、每层较薄的焊接厚度等，所以能够很好地控制焊接热输入，焊缝高温区停留时间较短，热输入的降低有效防止了焊缝过热、过烧形成碳化物，有效防止了焊缝晶间腐蚀，提高了焊缝的耐腐性及力学性能。

2.4 氩弧焊平焊操作技术

2.4.1 薄板平对接钨极氩弧焊操作要点

所谓薄板，是指厚度在 6mm 以下的板材。

1. 焊接参数

薄板平对接钨极氩弧焊的焊接参数见表 2-11。

表 2-11 薄板平对接焊接参数

焊接层次	焊接电流/A	电弧电压/V	氩气流量/(L/min)	钨极直径	焊丝直径	钨极伸出长度	喷嘴直径	喷嘴至工件距离
						mm		
打底焊	90~100							
填充焊	100~110	12~16	7~9	2.5	2.5	4~8	10	12
盖面焊	110~120							

2. 焊层及焊道

薄板对接平焊采用左焊法，焊接层次为三层三道，如图 2-30 所示。

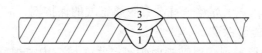

图 2-30 薄板对接平焊位置钨极氩弧焊焊层及焊道

3. 操作要点

平焊是最容易操作的焊接位置，首先要进行定位焊，其次再开始打底焊，在定位焊缝上引燃电弧后，焊枪停留在原位置不动，稍预热后，当定位焊缝外侧形成熔池，并出现熔孔后，开始填充焊丝，焊枪稍作摆动向左焊接。

1）打底焊时，应减小焊枪角度，使电弧热量集中在焊丝上，采取较小的焊接电流。加快焊接速度和送丝速度，避免焊缝下凹和烧穿，焊接过程中密切注意焊接参数的变化及相互关系，焊枪移动要平稳，速度要均匀，随时调整焊接速度和焊枪角度，保证背面焊缝成形良好，平焊焊枪角度与填丝位置如图 2-31 所示。

如发现熔池增大，焊缝变宽，并出现下凹时，说明熔池温度过高，应减小焊枪倾角，加快焊接速度，当熔池变小时，说明熔池温度过低，有可能产生未焊透和未熔合，应增大焊枪倾角，减慢焊接速

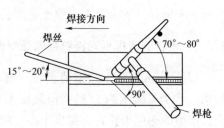

图 2-31　平焊焊枪角度与填丝位置

度，以保证打底层焊缝质量。在整个焊接过程中，焊丝始终应处在氩气保护区内，防止高温氧化。同时，要严禁钨极端部与焊丝、工件接触，以防产生夹钨，影响焊接质量。当更换焊丝或暂停焊接时，要松开焊枪上的开关，停止送丝，用焊机的电流衰减装置灭弧，但焊枪仍须对准熔池进行保护，待其完全冷却后方能移开焊枪。若焊机无电流衰减功能，松开开关后，应稍抬高焊枪，待电弧熄灭、熔池完全冷却凝固后才能移开焊枪。在接头处要检查原弧坑处的焊缝质量，当保护较好且无氧化物等缺陷时，则可直接接头。当有缺陷时，则须将缺陷修磨掉，并将其前端打磨成斜面。在弧坑右侧 15~20mm 处引弧，并慢慢向左移动，待弧坑处开始熔化并形成熔池和熔孔后，继续填丝焊接。收弧时要减小焊枪与工件的夹角，加大焊丝熔化量，填满弧坑。

在焊缝末端收弧时，应减小焊枪与工件的夹角，使电弧热量集中在焊丝上，加大焊丝熔化量，填满弧坑，然后切断电源，待延时10s 左右后停止供气，最后移开焊枪和焊丝。

2）打底焊完成以后，要进行填充焊。填充焊接前应先检查根部焊道表面有无氧化皮等缺陷，如有必须进行打磨处理，同时增大焊接电流。填充焊接时的注意事项同打底焊，焊枪的横向摆动幅度比打底焊时稍大。在坡口两侧稍加停留，保证坡口两侧熔合好，焊道均匀。填充焊时不要熔化坡口的上棱边，焊道比工件表面低

1mm 左右。

3）盖面焊时焊枪与焊丝角度不变，但应进一步加大焊枪摆动幅度，并在焊道边缘稍停顿，使熔池熔化两侧坡口边缘各 0.5 ~ 1mm，根据焊缝的余高决定填丝速度，以确保焊缝尺寸符合要求。

2.4.2 不锈钢薄板平对接钨极氩弧焊操作要点

焊接 1mm 以下不锈钢薄板时，由于其自身拘束度小，导热系数小（约为低碳钢的 1/3），但线胀系数较大，焊接时温度变化较快，产生的热应力比正常温度下存在的应力大得多，很容易出现常见的焊接烧穿和焊接变形（大多为波浪变形）等缺陷，影响工件的外形美观。

1. 不锈钢薄板平对接焊钨极氩弧焊接参数

钨极氩弧不锈钢薄板平对接焊焊接参数见表 2-12。

表 2-12　不锈钢薄板平对接焊钨极氩弧焊焊接参数

板厚 /mm	钨极直径/mm	焊接电流/A	焊接电压/mm	焊丝直径/mm	钨极伸出长度/mm	氩气流量/(L/min)	喷嘴直径/mm
0.3	1	10 ~ 15	10 ~ 15	1.2	3 ~ 4	6 ~ 8	12
0.6	1	20 ~ 25	15 ~ 20	1.2	3 ~ 4	6 ~ 8	12
0.8	1.6	40 ~ 50	20 ~ 25	1.6	3 ~ 4	6 ~ 8	12
1.0	2.0	50 ~ 60	25 ~ 30	1.6	3 ~ 4	6 ~ 8	12

2. 保护气体

氩气纯度应在 99.6%（体积分数）以上，流量应保持在 6 ~ 8L/min。氩气流量过大时，保护层会产生不规则流动，易使空气卷入，反而降低保护效果，所以气体流量也要合适。通过观察焊缝颜色可以判定气体保护效果，不锈钢的焊缝颜色与保护效果关系见表 2-13。

表 2-13　不锈钢的焊缝颜色与保护效果关系

焊缝颜色	银白、金黄色	蓝色	红灰色	灰色	黑色
保护效果	最好	良好	尚可	不良	最坏

对接打底焊时，为防止底层焊道的背面被氧化，背面也需要实施气体保护。

3. 钨极

尽量用有黄色或白色标记的钨极，钨极要经常磨尖，与焊缝的距离要适当，太近就会粘在一起，太远则会发生弧光开花，造成钨极变秃，对操作者的辐射大。

4. 不锈钢薄板平对接钨极氩弧焊操作技巧

1）必须采用精装夹具，要求夹紧力平衡均匀，装配尺寸精确，接头间隙小。间隙稍大容易烧穿或形成较大的焊瘤。

2）钨极从气体喷嘴伸出的长度，以 4~5mm 为佳，在角焊等遮蔽性差的地方 2~3mm 为宜，在开槽深的地方是 5~6mm，喷嘴至工件的距离一般不超过 15mm。

3）要用焊枪的陶瓷头遮挡弧光，焊枪的尾部尽量朝向操作者的脸部。

4）尽量采用短弧焊接以增强氩气保护效果。焊接普通钢时，焊接电弧长度以 2~4mm 为佳，而焊接不锈钢时，以 1~3mm 为佳，过长则保护效果不好。

5）采用脉冲 TIG 焊。在一般情况下，用普通 TIG 焊进行薄板焊接时，通常电流取较小值，当电流小于 20A 时，易产生电弧漂移，阴极斑点温度很高，会使焊接区域产生发热烧损，致使阴极斑点不断跳动，很难维持正常焊接。而采用脉冲 TIG 焊后，峰值电流可使电弧稳定，指向性好，易使母材熔化成形，并循环交替，确保焊接过程的顺利进行，同时能得到力学性能良好、外形美观、熔池互相搭接良好的焊缝。

6）采用左焊法操作。焊枪从右向左移动，电弧指向未焊部分，焊丝位于电弧前面，如图 2-32 所示。为使氩气很好地保护焊接熔池和便于施焊操作，钨极中心线与焊接处工件一般应保持 75°角，填充焊丝与工件表面夹角应尽可能地小些，一般为 15°以下。

7）定位焊时，焊丝应比正常焊时采用的焊丝细，因定位焊时温度低、冷却快、电弧停留时间较长，故容易烧穿。进行定位焊时，应把焊丝放在定位焊部位，电弧稳定后再移到焊丝处，待焊丝熔化并与两侧母材熔合后再迅速灭弧。

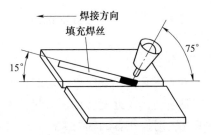

8）注意观察熔池的大小，焊接速度应先慢后快，焊枪通常不摆动。焊接速度和焊丝应根据具体情况密切

图 2-32 左焊法操作示意图

配合，尽量减少接头；一次性焊缝的长度不宜过长，否则会因过热而形成塌陷甚至烧穿，此时就算补焊完整，由于 Cr、Ni 等合金元素的大量烧损，对材料的耐蚀性也非常不利。若中途停顿后再继续施焊时，要用电弧把原熔池的焊道重新熔化，形成新的熔池后再填加焊丝并与前焊道重叠 3~5mm。在重叠处要少加焊丝，使接头处圆滑过渡。

9）在焊缝的背部用较厚的铁板贴在上面，这样可以控制焊接的温度，达到减小变形量的目的。还可以适当地在厚铁板的背部淋上冷水，达到降温的目的。

2.4.3 铝薄板平对接钨极氩弧焊操作要点

铝合金具有良好的耐蚀性、较高的比强度及良好的导电性和导热性。但铝与氧的亲和力很大，易被氧化生成致密的三氧化二铝氧化薄膜，在焊接过程中，氧化膜会阻碍金属间的良好结合，形成夹渣、未熔合等缺陷，因而给焊接操作带来一定的困难。

钨极氩弧焊在焊接铝合金方面有独特的优势，只要工艺措施合理，操作方法得当，就可以获得良好的铝薄板平对接焊接接头。

1. 焊前清理

焊前将焊丝、工件坡口及其坡口内外不大于 50mm 范围内的油污和氧化膜清除掉。清除顺序和方法如下：

用丙酮或四氯化碳等有机溶剂去除表面油污，坡口内外两侧清除范围应不小于 50mm。清除油污后，焊丝采用化学法，坡口采用机械法清除表面氧化膜。所谓机械法，是指坡口及其附近表面可用锉削、刮削、铣削或用 0.2mm 左右的不锈钢丝刷清除至露出金属光泽，两侧的清除范围距坡口边缘应不小于 30mm，使用的工具要定期脱脂处理。所谓化学法，是指用质量分数约 5% ~ 10% 的 70℃ 时 NaOH 溶液浸泡 30 ~ 60s，或用常温质量分数为 5% ~ 10% 的 NaOH 溶液浸泡 3min。然后用质量分数为 15% 的 HNO_3（常温）溶液浸泡 2min，最后用温水清洗，或用冷水冲洗，再使其完全干燥。

清理好的坡口及焊丝，在焊前不被污染。若无有效的防护措施，应在 8h 内施焊，否则应重新进行清理。

2. 焊机的选择

焊机必须是交流 TIG 焊机，具有陡降的外特性和足够的电容量。并且有参数稳定、调节灵活和安全可靠的使用性能，还应具有引弧、稳弧和消除直流分量装置，焊机上的电流表、电压表应经计量部门鉴定合格。

3. 焊接工艺

铝合金根据材料厚度的不同，其焊接参数也不相同，见表 2-14。

表 2-14 铝合金焊接工艺的焊接参数

材料厚度/mm	钨极直径/mm	焊丝直径/mm	焊接电流/A
1.5	2	2	70 ~ 80
2	2 ~ 3	2	90 ~ 120
3	3 ~ 4	2	120 ~ 180
4	3 ~ 4	2.5 ~ 3	120 ~ 240

4. 铝薄板平对接钨极氩弧焊操作技巧

为增大氩气保护区和增强保护效果，可采用大直径焊嘴，加大氩气流量。当喷嘴上有明显阻碍气流流通的飞溅物附着时，必须将飞溅物清除掉或更换喷嘴。当钨极端部出现污染、形状不规则等现象时必须修整或更换，钨极不宜伸出喷嘴外。焊接温度的控制主要是焊接速度和焊接电流的控制。大电流、快速焊能有效防止气孔的产生，这主要是由于在焊接过程中以较快速度焊透焊缝，熔化金属受热时间短，吸收气体的机会少。

在氩气保护区内，焊丝向熔池边缘一滴一滴进入，焊枪作轻微摆动，摆动到上边沿的时间应比到下边沿的时间短，这样才能防止液体金属下淌。

收弧时要注意填满弧坑，缩小熔池，避免产生缩孔，终点的结合处应焊过 20~30mm。焊枪应增大向后倾斜角度，多填丝以填满弧坑，然后缓缓提起焊枪，灭弧后，要延迟停气 5~10s。

2.5　氩弧焊平角焊操作技术

平角焊是指角接接头、T 形接头和搭接接头在平焊位置的焊接。平角焊焊接操作中，如果焊接参数选择不当或操作不熟练，容易产生立板咬边、未焊透或焊脚尺寸不一致等缺陷，如图 2-33所示。

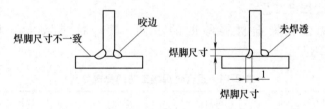

图 2-33　平角焊缺陷

调节焊接电流，对工件进行定位焊。定位焊位置应在工件两端，定位焊缝长为 5~10mm，如图 2-34 所示。

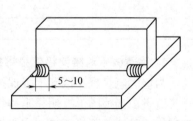

图 2-34　定位焊缝位置及长度

厚度不等板组装平角焊时，给予厚板的热量应多些，从而使厚、薄板受热趋于均匀，以保证接头熔合良好，如图 2-35 所示。

焊接时，焊枪与焊缝倾角为 60°~70°，焊丝与焊缝倾角为 10°~20°，如图 2-36 所示。

横向摆动焊接时，摆动幅度必须要有规律，如图 2-37 所示，

焊枪由 a 点摆动到 b 点时稍快，并在 b 点稍作停留，同时向熔池填加焊丝，焊丝填充部位稍微靠向立板，由 b 点到 c 点时稍慢，以保证水平板熔合良好，如此反复进行，直至焊完。

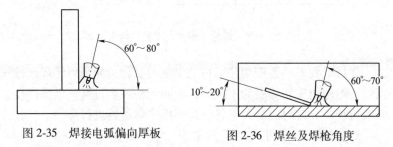

图 2-35　焊接电弧偏向厚板　　　　图 2-36　焊丝及焊枪角度

如果出现焊枪摆动与送焊丝动作不协调、送丝部位不准确、在焊点停留时间短等问题，会导致立板产生咬边现象，如图 2-38 所示。

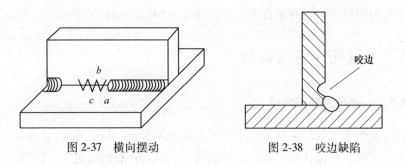

图 2-37　横向摆动　　　　　　　　图 2-38　咬边缺陷

2.6　氩弧焊板对接横焊操作技术

板对接横焊是指焊接方向与水平面呈平行位置焊接，操作时，熔池金属受重力影响容易产生下坠，甚至流淌至下坡口面，造成上部咬边、下部未熔合，产生焊瘤等缺陷。

焊接时，应严格控制焊枪、焊丝与工件的角度，否则容易形成上部咬边，下部产生焊瘤、未熔合现象；焊枪、焊丝与工件的角度如图 2-39 所示。

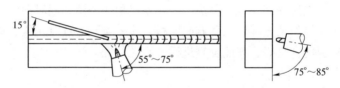

图 2-39　焊枪、焊丝与工件的角度

　　焊接过程中，要密切注意熔池温度的变化，如果感觉焊丝输送困难，熔池由旋转而变为不旋转，表明熔池温度过高，极易产生上部咬边现象，此时应熄灭电弧，待温度冷却后再进行焊接。

　　焊接时，焊枪可利用手腕的灵活性做轻微的锯齿形摆动，以利于上、下坡口根部的良好熔合，要保证下坡口面的熔孔始终超前上坡口面 0.5~1 个熔孔，以防止液态金属

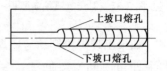

图 2-40　坡口两侧熔孔

下坠造成黏接，出现熔合不良好的现象，如图 2-40 所示。

2.7　氩弧焊管板焊接

2.7.1　骑坐式管板焊接

　　骑坐式管板焊接时采用单面焊双面成形工艺，焊接难度大。打底焊接时，要保证根部焊透且背面成形。首先在右侧的定位焊缝上引燃电弧，暂时不填加焊丝，电弧在原位置稍微摆动。待定位焊缝熔化且形成熔池和熔孔后，轻轻将焊丝向熔池推进，将金属液送到熔池前端，以提高焊缝背面的高度，防止出现未焊透等缺陷。当焊到其他的定位焊缝时，应停止送丝，利用电弧将定位焊缝熔化并和熔池连成一体后，再送丝继续向前焊接。焊接时要注意观察熔池的变化，保证熔孔大小一致，可通过调整焊枪与底板间的夹角来控制熔孔的大小，防止管子烧穿。

　　收弧时，先停止送丝，再断开开关，此时焊接电流开始衰减，熔池逐渐减小。当电弧熄灭且熔池冷却到一定温度后，再移开焊

枪，这样做可防止焊缝金属被氧化。焊接接头处时，应在弧坑右方15~20mm 处引燃电弧，并立即将电弧移到接头处，先不填加焊丝，待接头处熔化，左端出现熔孔后再加丝焊接。焊至封闭接头处，稍停填丝，待原焊缝头部熔化时再填丝，保证接头处熔合良好。

2.7.2 插入式管板焊接

1. 焊枪角度

管板垂直俯位焊的最佳焊枪角度如图 2-41 所示。

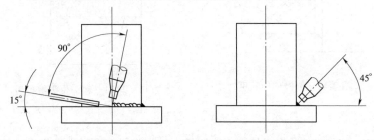

图 2-41 管板垂直俯位焊时焊枪角度

2. 钨极伸出长度

调整钨极伸出长度的方法如图 2-42 所示。喷嘴紧靠管板两侧，钨极指向坡口根部。喷嘴和孔板的夹角为45°，在喷嘴与工件根部之间放一根 $\phi2.5mm$ 的焊丝，将钨极尖端与焊丝相接触。焊丝接触点与喷嘴之间的距离即为钨极伸出喷嘴的长度。

3. 引弧

在工件起焊点位置引弧，起焊点位置如图 2-43 中的 c 点所示。引弧后，先不填加焊丝，焊枪稍作摆动，待起焊点顶角根部熔化并形成明亮的熔池后，开始送丝并采用左焊法进行焊接。

4. 焊接

在焊接过程中，喷嘴与两工件之间距离应尽量保持相等，电弧应以管子与孔板的顶角为中心作横向摆动，摆动幅度要适当，以使焊脚均匀、对称。同时注意观察熔池两侧和前方，使管壁和孔板熔化宽度基本相等，并符合焊脚尺寸要求。送丝时，电弧可稍离开管壁，从熔池前上方填加焊丝，以使电弧的热量偏向孔板，防止咬边和熔池金属

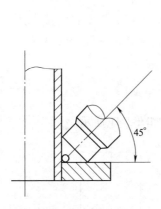

图 2-42　钨极伸出长度

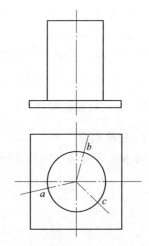

图 2-43　起焊点和定位焊缝位置
a、*b*—定位焊缝位置　*c*—起焊点位置

下坠。当焊丝熔化形成熔滴后，要轻轻地将焊丝向顶角根部推进，使其充分熔化，这样可防止产生未熔合缺陷。同时，要注意沿管板根部圆周焊接时，手腕应作适当转动，以保证合适的焊枪角度。

5. 接头

首先检查原弧坑焊缝状况，如果发现有氧化皮或其他缺陷，应将其打磨消除，并将弧坑磨成缓坡形。然后在弧坑右侧 15mm 左右处引弧，并慢慢向左移动焊枪，先不填加焊丝，待弧坑处熔化形成熔池后，再接着填丝并向前施焊。

6. 收弧

当一圈焊缝快焊完时停止送丝，待起焊点的焊缝金属熔化并与熔池连成一体后再填加焊丝，填满弧坑后，切断控制开关。随着焊接电流的衰减，熔池不断缩小，此时将焊丝抽离熔池但不要脱离氩气保护区，待氩气延时 5～10s 左右，关闭气阀，再移开焊丝和焊枪。封闭焊缝的收弧处也是接头处，可将起焊点打磨成缓坡形，能有效防止未焊透缺陷。

7. 操作要点

进行氩弧焊时，仰焊的操作难度较大，熔化的母材和焊丝熔滴容易下坠，必须严格控制焊接热输入和冷却速度。仰焊的焊接电流较平焊时要小些，焊接速度和送丝频率要快，尽量减少每次的送丝量。氩气流量要加大，电弧尽量压低。一般采用两层三道的左向焊法。焊接时，首先要进行打底焊，打底焊要保证顶角处的熔深，焊枪角度如图 2-44 所示。

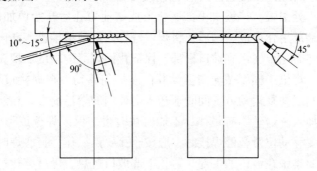

图 2-44　仰焊打底焊焊枪角度

在右侧的定位焊缝上引弧，先不填加焊丝，等定位焊缝开始熔化并形成熔池后，开始填加焊丝，向左焊接。焊接过程中要尽量压低电弧，电弧对准顶角，保证熔池两侧熔合好，焊丝熔滴不能太大，当焊丝端部熔化形成较小的熔滴时，立即送入熔池，然后退出焊丝，观察熔池表面。当要出现下凸时，应加快焊接速度，待熔池稍冷后再填加焊丝。

最后是盖面焊，盖面焊缝一般有两条焊缝，在焊接时，先焊下层的焊缝，后焊上层的焊缝。焊枪角度如图 2-45 所示。

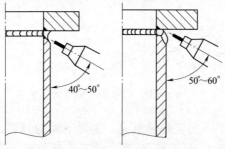

图 2-45　仰焊盖面焊焊枪角度

2.8 小管径对接垂直固定焊接操作技术

盖面焊分上下两道，定位焊缝 3 点均匀分布，间隙为 1.5 ~ 2mm，左向焊接。打底焊时焊枪角度如图 2-46 所示，首先在右侧间隙较小处引弧，待坡口根部熔化形成熔池熔孔后开始填加焊丝，当焊丝端部熔化形成熔滴后，将焊丝轻轻向熔池里推进，并向管内摆动，将熔化金属送到坡口根部，保证背面焊缝的高度。填充焊丝的同时，焊枪小幅度做横向摆动并向左均匀移动。在焊接过程中，填充焊丝以往复运动方式间断地送入电弧内的熔池前方，在熔池前成滴状加入。送丝要有规律，不能时快时慢，保证焊缝成形美观。当焊工要移动位置暂停焊接时，应按收弧要点操作。打底焊时熔池的热量要集中在坡口的下部，防止上部坡口过热、母材熔化过多产生咬边等缺陷。

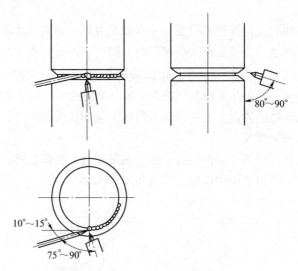

图 2-46 打底焊焊枪角度

盖面焊由上下两道焊缝组成，先焊下面的焊道，后焊上面的焊道，焊枪角度如图 2-47 所示。焊下面的盖面焊道时，电弧对准打底焊道下沿，使熔池下沿超出管子坡口棱边 0.5～1.5mm，熔池上沿在打底焊道 1/2～2/3 处。焊上面的焊道时，电弧对准打底焊道上沿，使熔池上沿超出管子坡口 0.5～1.5mm，下沿与下面的焊道圆滑过渡，焊接速度要适当加快，并减小送丝量，防止焊缝下坠。

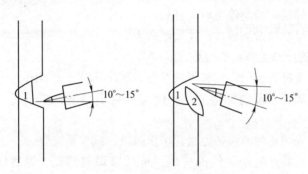

图 2-47　盖面焊焊枪角度

2.9　氩弧焊常见缺陷及防止措施

2.9.1　气孔的产生原因及防止措施

1. 产生气孔的原因

1）工件、焊丝表面有油污、氧化皮、铁锈。

2）在潮湿的空气中焊接。

3）氩气纯度较低，含杂质较多。

4）氩气保护不良以及熔池高温氧化等。

2. 防止产生气孔的措施

1）工件和焊丝应清洁并干燥。

2）氩气纯度应符合要求，采用纯度 99.6% 以上的氩气。

3）正确选择保护气体流量。

4）熔池应缓慢冷却。

5）遇风时，要加挡风板施焊。

2.9.2　裂纹的产生原因及防止措施

1. 产生裂纹的原因

1）焊丝选择不当。

2）焊接顺序不正确。

3）焊接时高温停留时间过长。

4）母材含杂质较多，淬硬倾向大。

2. 防止产生裂纹的措施

1）选择合适的焊丝和焊接参数，减小晶粒长大倾向。

2）选择合理的焊接顺序，使工件自由伸缩，尽量减小焊接应力。

3）采用正确的收弧方法，填满弧坑，减少弧坑裂纹。

4）对易产生冷裂纹的材料，可采取焊前预热、焊后缓冷的措施。

2.9.3　夹杂和夹钨的产生原因及防止措施

1. 产生夹杂及夹钨的原因

1）工件和焊丝表面不清洁或焊丝熔化端严重氧化，当氧化物进入熔池时便产生夹杂。

2）当钨极与工件或焊丝短路，或电流过大使钨极端头熔化落入熔池中，则产生夹钨。

3）接触引弧时容易引起夹钨。

2. 防止产生夹杂及夹钨的措施

1）焊前对工件、焊丝进行仔细清理，清除表面氧化膜。

2）加强氩气保护，焊丝端头应始终处于氩气保护范围内。

3）采用高频振荡或高压脉冲引弧。

4）选择合适的钨极直径和焊接参数。

5）正确修磨钨极端部尖角。

6）减小钨极伸出长度。

7）调换有裂纹或撕裂的钨电极。

8）当钨极粘在工件上时应将粘着物彻底清除，并重新修磨钨极。

2.9.4 咬边产生的原因及防止措施

1. 产生咬边的原因

1）电流过大。

2）焊枪角度不正确。

3）焊丝送进太慢或送进位置不正确。

4）当焊接速度过慢或过快时，熔池金属不能填满坡口两侧边缘。

5）钨极修磨角度不当，造成电弧偏移。

2. 防止产生咬边的措施

1）正确掌握熔池温度。

2）熔池应饱满。

3）焊接速度要适当。

4）正确选择焊接参数。

5）正确选用钨极的修磨角度。

6）合理填加焊丝。

2.9.5 未熔合与未焊透产生的原因及防止措施

1. 产生未熔合与未焊透原因

1）焊接电流过小，焊接速度太快。

2）对接间隙小，坡口钝边厚，坡口角度小。

3）电弧过长，焊枪偏向一边。

4）焊前清理不彻底，尤其是铝合金的氧化膜未清除掉。

5）当采用无沟槽的垫板焊接时，工件与垫板过分贴紧等。

2. 防止产生未熔合与未焊透的措施

1）正确选择焊接参数。

2）选择适当的对接间隙和坡口尺寸。

3）正确掌握熔池温度和调整焊枪、焊丝的角度，操作时焊枪移动要平稳、均匀。

4）选择合适的垫板沟槽尺寸。

2.10　常用金属材料的钨极氩弧焊

2.10.1　不锈钢钨极氩弧焊通用技术

钨极氩弧焊焊接不锈钢时，一般采用直流正接电源。对于含铝较多的不锈钢，因为有氧化铝膜的形成，所以其焊接方法类似于焊接铝，因此常采用交流电源。在保证焊透的情况下，减少熔敷金属，并考虑操作方便。钨极氩弧焊焊接不锈钢时，坡口常采用 V 形、U 形、双面 V 形及 V-U 组合形式等。钨极氩弧焊焊接奥氏体不锈钢时，可根据焊接接头的颜色来判断焊接区的保护效果，见表 2-15。

表 2-15　奥氏体不锈钢焊接接头的颜色与保护效果的关系

焊接接头颜色	银白、金黄	蓝色	红灰	灰色	黑色
保护效果	最好	良好	一般	不良	最坏

不锈钢手工钨极氩弧焊的焊接参数见表2-16，不锈钢自动钨极氩弧焊的焊接参数见表2-17，不锈钢脉冲钨极氩弧焊的焊接参数见表2-18。

表 2-16　不锈钢手工钨极氩弧焊的焊接参数

板厚/mm	接头形式	焊接电流/A			焊接速度		氩气流量/(L/min)
		平焊	立焊	仰焊	mm/min	m/h	
1.5	对接	80~100	70~90	70~90	300	18	5
	搭接	100~120	80~100	80~100			
	角接	80~100	70~90	70~90			
2.5	对接	100~120	90~110	90~110	300	18	5
	搭接	110~130	100~120	100~120			
	角接	100~120	90~110	90~110			
3.2	对接	120~140	110~130	105~125	300	18	5
	搭接	130~150	120~140	120~140			
	角接	120~140	110~130	115~135			

（续）

板厚/mm	接头形式	焊接电流/A 平焊	焊接电流/A 立焊	焊接电流/A 仰焊	焊接速度 mm/min	焊接速度 m/h	氩气流量 /(L/min)
4.5	对接	200~250	150~200	150~200	250	15	7
	搭接	225~275	175~225	175~225			
	角接	200~250	150~200	150~200			

表 2-17　不锈钢自动钨极氩弧焊的焊接参数

电源极性	板厚/mm	钨极直径/mm	焊接电流/A	焊接速度/(mm/min)	焊丝直径/mm	氩气流量/(L/min)	备注
对接不加填充焊丝 直流正极性	0.3	1.0	12~20	500~800	—	3~4	
	0.4		20~30				
	0.5	1.6	30~40			4~5	
	0.7		50~65				
	0.8		70~90				
	1.0		70~90				
	1.2		73	300~580			
	1.5		80~110			5~6	
	2.0		120~130			7~8	
对接加填充焊丝 直流正极性	0.3	1.0	30~45	580~750	0.6	5~6	电弧电压：11~15V
	0.5	1.6	30~45		0.6		
	0.8		60~80		0.6	6~8	
	1.0		80~100		0.8		
	1.5		100~130	400~600	0.8	8~10	
	2.0		120~140	300~580	0.8	10~12	
	3.0		125~135	300~400	1.6	14~16	

2.10.2　铝及铝合金的钨极氩弧焊

钨极氩弧焊是焊接铝及铝合金较完善的熔焊方法，其焊接质量好，操作技术容易掌握，目前已被广泛采用。钨极氩弧焊适合于焊

表 2-18   不锈钢脉冲钨极氩弧焊的焊接参数

电流极性	板厚/mm	焊接电流/A		持续时间/s		脉冲频率/Hz	焊接速度/(m/h)	弧长/mm
		脉冲	维持	脉冲	维持			
直流正接	0.3	20~22	5~8	0.06~0.08	0.06	8	30~36	0.6~0.8
	0.5	55~60	10	0.08	0.06	7	33~36	0.8~1
	0.8	85	10	0.12	0.08	5	48~60	0.8~1
	0.95	60	5~7	0.3	1	3	40~44	0.8~1

接厚度较薄的铝及铝合金零件，以及热处理强化的高强度铝合金结构，零件厚度较大时，可采用钨极氦弧焊或开坡口多层钨极氩弧焊。

铝及铝合金的钨极氩弧焊一般采用交流电源，这样可利用"阴极破碎"作用除去熔池表面铝的氧化膜，氩气纯度（质量分数）不低于 99.9%。手工钨极氩弧焊操作灵活方便，适用于焊接小尺寸工件的短焊缝、角焊缝及大尺寸的不规则焊缝；自动钨极氩弧焊可焊接厚度为 1~12mm 的规则的环缝和纵缝；脉冲钨极氩弧焊常用于焊接厚度小于 1mm 的工件。

铝及铝合金的手工钨极交流氩弧焊的焊接参数见表 2-19，自动钨极交流氩弧焊的焊接参数见表 2-20，脉冲钨极交流氩弧焊的焊接参数见表 2-21。

表 2-19   铝及铝合金手工钨极交流氩弧焊的焊接参数

板厚/mm	焊丝直径/mm	钨极直径/mm	预热温度/℃	焊接电流/A	氩气流量/(L/min)	喷嘴孔径/mm	焊接层数 正面/反面	备注
1	1.6	2	—	45~60	7~9	8	正 1	卷边焊
1.5	1.6~2.0	2	—	50~80	7~9	8	正 1	卷边焊或单面对接
2	2~2.5	2~3	—	90~120	8~12	8~12	正 1	对接
3	2~3	3	—	150~180	8~12	8~12	正 1	V 形坡口对接
4	3	4	—	180~200	10~15	8~12	1~2/1	V 形坡口对接
5	3~4	4	—	180~240	10~15	10~12	1~2/1	V 形坡口对接

（续）

板厚/mm	焊丝直径/mm	钨极直径/mm	预热温度/℃	焊接电流/A	氩气流量/(L/min)	喷嘴孔径/mm	焊接层数 正面/反面	备注
6	4	5	—	240~280	16~20	14~16	1~2/1	V形坡口对接
8	4~5	5	100	260~320	16~20	14~16	2/1	V形坡口对接
10	4~5	5	100~150	280~340	16~20	14~16	3~4/1~2	V形坡口对接
12	4~5	5~6	150~200	300~360	18~22	16~20	3~4/1~2	V形坡口对接
14	5~6	5~6	180~220	340~380	20~24	16~20	3~4/1~2	V形坡口对接
16	5~6	6	200~220	340~380	20~24	16~20	4~5/1~2	V形坡口对接
18	5~6	6	200~240	360~400	25~30	16~20	4~5/1~2	V形坡口对接
20	5~6	6	200~260	360~400	25~30	20~22	4~5/1~2	V形坡口对接
16~20	5~6	6	200~260	300~380	25~30	16~20	2~3/2~3	X形坡口对接
22~25	5~6	6~7	200~260	360~400	30~35	20~22	3~4/3~4	X形坡口对接

表 2-20 自动钨极交流氩弧焊的焊接参数

板厚/mm	焊接层数	钨极直径/mm	焊丝直径/mm	喷嘴孔径/mm	氩气流量/(L/min)	焊接电流/A	送丝速度/(m/h)
1	1	1.5~2	1.6	8~10	5~6	120~160	—
2	1	3	1.6~2	8~10	12~14	180~220	65~70
3	1~2	4	2	10~14	14~18	220~240	65~70
4	1~2	5	2~3	10~14	14~18	240~280	70~75
5	2	5	2~3	12~16	16~20	280~320	70~75
6~8	2~3	5~6	3	14~18	18~24	280~320	75~80
8~12	2~3	6	3~4	14~18	18~24	300~340	80~85

表 2-21 脉冲钨极交流氩弧焊的焊接参数

母材牌号	板厚/mm	钨极直径/mm	焊丝直径/mm	电弧电压/V	脉冲电流/A	基值电流/A	脉宽比(%)	氩气流量/(L/min)	频率/Hz
5A03	1.5	3	2.5	14	80	45	33	5	1.7
5A03	2.5	3	2.5	15	95	50	33	5	2
5A06	2	3	2	10	83	44	33	5	2.5
2A12	2.5	3	2	13	140	52	36	8	2.6

2.10.3 铜及铜合金的钨极氩弧焊

工业生产中应用的铜及铜合金的种类很多，通常可分为纯铜、黄铜、青铜和白铜四大类。铜及铜合金与其他非铁金属及不锈钢等材料一样，用传统的气焊和焊条电弧焊方法，达不到较高的焊接质量，近年来多采用钨极氩弧焊。

大多数的铜及铜合金在采用钨极氩弧焊时，电源采用直流正接，此时工件熔深较大。对铝青铜、铍青铜等，为破除熔池表面氧化膜，应采用交流电源。在焊接含锌、锡、铝等元素的铜合金时，为防止合金元素蒸发和烧损，应选用交流电源或直流反接，并尽量采用较快的焊接速度、较粗的喷嘴和较大的氩气流量。

纯铜、青铜和白铜的钨极氩弧焊焊接参数的选用见表2-22和表2-23。黄铜的手工钨极氩弧焊焊接参数见表2-24。

表 2-22　纯铜钨极氩弧焊焊接参数

板厚/mm	钨极直径/mm	焊丝直径/mm	焊接电流/A	氩气流量/(L/min)	预热温度/℃	备注
0.3~0.5	1	—	30~60	8~10	不预热	卷边接头
1	2	1.6~2.0	120~160	10~12	不预热	—
1.5	2~3	1.6~2.0	140~180	10~12	不预热	—
2	2~3	2	160~200	14~16	不预热	—
3	3~4	2	200~240	14~16	不预热	单面焊双面成形
4	4	3	220~260	16~20	300~350	双面焊
5	4	3~4	240~320	16~20	350~400	双面焊
6	4~5	3~4	280~360	20~22	400~450	—
10	5~6	4~5	340~400	20~22	450~500	—
12	5~6	4~5	360~420	20~24	450~500	—

表 2-23 青铜和白铜的钨极氩弧焊焊接参数

材料	板厚 /mm	钨极直径/mm	焊丝直径/mm	焊接电流/A	氩气流量 /(L/min)	焊接速度 /(mm/min)	预热温度 /℃	备注
铝青铜	≤1.5	1.5	1.5	25~80	10~16	—	不预热	I 形接头
	1.5~3	2.5	3	100~130	10~16	—	不预热	I 形接头
	3	4	4	130~160	16	—	不预热	I 形接头
	5	4	4	150~225	16	—	150	Y 形接头
	6	4~5	4~5	150~300	16	—	150	Y 形接头
	9	4~5	4~5	210~330	16	—	150	Y 形接头
	12	4~5	4~5	250~325	16	—	150	Y 形接头
锡青铜	0.3~1.5	3.0	—	90~150	12~16	—	—	卷边焊
	1.5~3	3.0	1.5~2.5	100~180	12~16	—	—	I 形接头
	5	4	4	160~200	14~16	—	—	Y 形接头
	7	4	4	210~250	16~20	—	—	Y 形接头
	12	5	5	260~300	20~24	—	—	Y 形接头
硅青铜	1.5	3	2	100~130	8~10	—	不预热	I 形接头
	3	3	2~3	120~160	12~16	—	不预热	I 形接头
	4.5	3~4	2~3	150~220	12~16	—	不预热	I 形接头
	6	4	3	180~250	16~20	—	不预热	Y 形接头
	9	4	3~4	250~300	18~22	—	不预热	Y 形接头
	12	4	4	270~330	20~24	—	不预热	Y 形接头
白铜	3	4~5	1.5	310~320	12~16	350~450	—	B10 自动焊,I 形接头
	<3	4~5	3	300~310	12~16	130	—	B10 手弧焊,I 形接头
	3~9	4~5	3~4	300~310	12~16	150	—	B10 手弧焊,Y 形接头
	<3	4~5	3	270~290	12~16	130	—	B30 手弧焊,I 形接头
	3~9	4~5	5	270~290	12~16	150	—	B30 手弧焊,Y 形接头

表 2-24　黄铜的手工钨极氩弧焊焊接参数

材料	板厚 /mm	钨极直径 /mm	焊接电流 /A	氩气流量 /(L/min)	预热温度 /℃	坡口
普通黄铜	1.2	3.2	直流正接 185	7	不预热	端接
锡黄铜	2	2.2	直流正接 180	7	不预热	V 形

2.11　常用金属材料的熔化极氩弧焊

2.11.1　低碳钢和低合金钢的熔化极氩弧焊

低碳钢和低合金结构钢采用氩与二氧化碳的混合气体，配以硅锰焊丝如 H08Mn2SiA 等进行焊接，已得到日益广泛的应用。

1. 短路过渡焊接参数

短路过渡通常用于焊接薄板及全位置焊接，一般采用细焊丝、低电压和小电流，使用的保护气体主要是 50%（质量分数，后同）氩气与 50% CO_2 混合气体。与 CO_2 气体保护焊相比，其突出的特点是电弧稳定，飞溅小，焊缝成形好，其焊接参数见表 2-25。

表 2-25　低碳钢、低合金结构钢短路过渡焊接参数

板厚/mm	焊丝直径/mm	间隙/mm	焊丝伸出长度/mm	焊接电流 /A	电弧电压 /V	焊接速度 /(mm/min)
0.4	0.4	0	5~8	20	15	40
0.6	0.4~0.6	0	5~8	25	15	30
0.8	0.6~0.8	0	5~8	30~40	15	40~55
1.2	0.8~0.9	0	6~10	60~70	15~16	300~500
1.6	0.8~0.9	0	6~10	100~110	16~17	400~600
3.2	0.8~1.2	1.0~1.5	10~12	120~140	16~17	250~300
4.0	1.0~1.2	1.0~1.2	10~12	150~160	17~18	200~300

2. 射流过渡焊接参数

以射流过渡形式焊接低碳钢、低合金钢中厚板时，可采用氩与

氧气，氩与二氧化碳或氩、二氧化碳、氧的混合气体。射流过渡采用的焊接电流必须大于临界电流。几种常用直径的焊丝，其临界电流范围见表2-26。低碳钢、低合金钢富氩气体射流过渡焊接的合理应用范围见表2-27。

表 2-26　不同焊丝直径的射流过渡焊接的临界电流范围

保护气体	焊丝直径/mm			
	0.8	1.2	1.6	2.0
	临界电流/A			
Ar+（20%～25%）CO_2	220～280	380～440	440～500	520～600
Ar+5%O_2	140～260	190～320	250～450	270～530

表 2-27　低碳钢、低合金钢富氩气体射流过渡焊接的合理应用范围

保护气体	焊丝直径/mm	板厚/mm	焊接位置	备注
Ar+（2%～5%）O_2	0.7～1.2	1～4	全位置焊	立焊时从上向下
	0.7～1.2	5～50	立焊、仰焊、平焊	立焊时从下向上
	1.6～4.0	5～50		—
Ar+（20%～25%）CO_2 或 Ar+25%CO_2+5%O_2	0.8～5.0	2～50	平焊	—

3. 脉冲射流过渡焊接参数

脉冲射流过渡焊接既可用于焊接薄板，也可用于焊接中厚板，特别适合全位置焊接，而且具有焊缝成形好、焊接质量高的优点。表2-28给出了低碳钢及低合金钢脉冲射流过渡焊接参数。

4. 粗丝大电流焊接参数

采用粗丝大电流熔化极混合气体保护焊来焊接低碳钢和低合金钢，是一种高效率的焊接方法。焊丝直径为4.0 mm以上，常采用氩与二氧化碳的混合气体为保护气体，能够得到良好的焊缝成形。

在进行粗丝大电流熔化极混合气体保护焊时，应采用变速送丝式焊机，配以陡降外特性电源或恒流电源。在焊接过程中利用电弧电压自动调节作用，保持焊接过程的稳定性。为了提高焊接效率和焊接质量也可采用双丝焊接，可以根据需要，通过改变双丝的焊接

参数来调节热输入的大小,并能改善热影响区的状态和性能。双丝大电流熔化极富氩混合气体保护焊的单面焊焊接参数见表 2-29。

表 2-28　低碳钢及低合金钢脉冲射流过渡焊接参数

接头形式	板厚/mm	焊脚/mm	坡口形式	焊接顺序	焊接电流/A	电弧电压/V	焊接速度/(mm/min)
对接	6	—		1	170	26	300
		—		2	180	26	300
	9	—		1	270	30	300
		—		2	290	31	300
	12	—		1	280	31	400
				2	330	34	400
	15			根部焊道1	300	32	450
				盖面焊道1	340	33	450
				根部焊道2	300	32	450
				盖面焊道2	280	31	450
角接	3.2	3~4		1	150	27	600
	4.5	5		1	170	27	400
	6.0	6		1	200	28	400
	8	7		1	250	30	350
	12	10		1	180~200	26~27	450
				2	180~200	26~28	450
				3	180~200	26~27	450
	16	12		1	220~230	26~28	450
				2	220~230	26~28	450
				3	210~220	26~28	450

表 2-29　双丝大电流熔化极富氩混合气体保护焊的单面焊焊接参数

板厚/mm	层数	焊丝位置	焊接电流/A	电弧电压/V	焊接速度/（mm/min）
12	1	前导	825	29	450
		后部	680	30	
19	1	前导	830	29	300
		后部	700	30	
25	1	前导	840	33	300
	2	前导	840	32	300
		后部	840	29	
备注	焊丝间距为 350mm；焊丝角度前倾 10°；保护气体为 Ar+10% CO_2；采用低碳钢焊丝，直径为 4.0mm；低碳钢母材采用 V 形坡口，坡口角度为 45°。				

2.11.2　不锈钢的熔化极氩弧焊

不锈钢工件常采用熔化极氩弧焊进行焊接。一般采用与母材成分相同的焊丝。保护气体主要采用氩气与质量分数为 1%～5% 的氧气、氩气与质量分数为 2.5%～10% 的二氧化碳及氩气与质量分数为 30%～50% 的氦气，后者用于焊厚大工件。为防止背面焊道表面被氧化，打底焊道及低层焊道焊接时，背面应附加氩气保护。

1. 短路过渡焊接规范

短路过渡用于焊接厚 1.6～3.0mm 的不锈钢，通常选用直径为 0.6～1.2mm 的焊丝，配合氩气与质量分数为 1%～5% 的氧气或氩气与质量分数为 5%～25% 的二氧化碳。典型焊接规范见表 2-30。

表 2-30　不锈钢短路过渡熔化极氩弧焊焊接规范

板厚/mm	接头形式	坡口形式	焊丝直径/mm	焊接电流/A	焊接电压/V	焊接速度/（mm/min）	送丝速度/（m/min）	保护气体流量/（L/min）
1.6	T 形接头	I 形坡口	0.8	85	15	425～475	4.6	10～15
2.0			0.8	90	15	325～375	4.8	10～15
1.6	对接	I 形坡口	0.8	85	15	375～525	4.6	10～15
2.0			0.8	90	15	285～315	4.8	10～15

2. 喷射过渡焊接规范

喷射过渡工艺可用于焊接厚度大于 3mm 的不锈钢，通常选用直径为 1.2~2.4mm 的焊丝，配合氩气与质量分数为 1%~2% 的氧气或氩气与质量分数为 2.5%~5% 的二氧化碳。表 2-31 和表 2-32 分别给出了对接接头和 T 形接头不锈钢喷射过渡熔化极氩弧焊的规范。

表 2-31　对接接头不锈钢喷射过渡熔化极氩弧焊焊接规范

| 板厚 /mm | 坡口形式及尺寸 | | | | 焊道层数 | 焊丝直径 /mm | 焊接电流/A | 焊接电压/V | 焊接速度/ (mm/min) | 保护气体流量/ (L/min) |
	形式	间隙 /mm	坡口角度 /(°)	钝边 /mm						
3.2	I	0~1.2	—	—	1	1.2	150~170	18~19	300~400	15
			—	—	1	1.2	200~220	22~23	500~600	15
4.5	I	0~1.2	—	—	1	1.2	160~180	20~21	300~350	20
						1.2	220~240	23~24	500~600	20
6	I	0~1	—	—	2	1.6	280~300	28~30	400~500	20
	V	0	60	3	2	1.6	260~280	25~27	350~400	20
8	I	0~1	—	0	2	1.6	300~350	30~34	400~450	20
	V	0~1	60	4~6	1	1.6	280~300	27~30	350~400	20
					2		300~350	30~34	350~400	20
10	I	0~1	—	—	2	1.6	350~400	34~38	350~400	20
	V	0~1	60	5	1	1.6	300~350	30~34	300~350	20
					2		350~400	34~40	350~400	20
12	V	0~1	60	5~7	1	1.6	300~350	30~34	300~350	20
					2		350~400	34~38	300~350	20
12	双V	0~1	60	6	1	1.6	330~350	33~35	300~350	20
					2		350~400	34~38	300~350	20

3. 熔化极脉冲氩弧焊焊接规范

熔化极脉冲氩弧焊通常用来焊接空间位置接头、要求变形小的接头及对热敏感的不锈钢接头。表 2-33 给出了不锈钢熔化极脉冲氩弧焊的规范。

表 2-32　T 形接头不锈钢喷射过渡熔化极氩弧焊的规范

| 板厚/mm | 坡口形式及尺寸 | | | | 焊道层数 | 焊丝直径/mm | 焊接电流/A | 焊接电压/V | 焊接速度/(mm/min) | 保护气流量/(L/min) |
	形式	间隙/mm	坡口角度/(°)	焊脚尺寸/mm						
1.6		0		3~4	1	0.9	90~110	15~16	400~500	15
2.3		0~0.8		3~4	1	0.9	110~130	15~16	400~500	15
3.2	I	0~1.2	—	4~5	1	1.2	220~240	22~24	350~400	15
4.5		0~1.2		4~5	1	1.2	220~240	22~24	350~400	15
6		0~1.2		5~6	1	1.6	250~300	25~30	350~400	20
8		0~1.6		6~7	1	1.6	280~330	27~33	350~400	20
10	单 V	0~1.2	45	—	2~3	1.6	250~300	25~30	300~400	20
12				—						

表 2-33　不锈钢熔化极脉冲氩弧焊焊接规范

板厚/mm	坡口形式	焊接位置	焊丝直径/mm	脉冲电流/A	平均电流/A	电弧电压/V	焊接速度/(mm/min)	保护气体流量/(L/min)
1.6	I	平焊	1.2	120	65	22	600	20
	I	横焊	1.2	120	65	22	600	20
	90°，V	立焊	0.8	80	30	20	600	20
	I	仰焊	1.2	120	65	22	700	20
3.0	I	平焊	1.2	200	70	25	600	20
	I	横焊	1.2	200	70	24	600	20
	90°，V	立焊	1.2	120	50	21	600	20
	I	仰焊	1.6	200	70	24	650	20
6.0	60°，V	平焊	1.6	200	70	24	360	20
	60°，V	横焊	1.6	200	70	23	450	20
				180	70	24	450	20
	60°，V	立焊	1.2	180	70	23	60	20
				90	50	19	15	20
	60°，V	仰焊	1.2	180	70	23	60	20
				120	60	20	20	20

2.11.3 铝及铝合金的熔化极氩弧焊

焊接铝及铝合金时，通常采用交流电源或直流反接电源。保护气体选择氩气，或氩气与氦气的混合气体。当板厚小于 25mm 时，采用纯氩气；当板厚为 25~50mm 时，采用氩气与质量分数为 10%~35% 的氦气混合气体；当板厚为 50~75mm 时，宜采用氩气与质量分数为 10%~35% 的氦气，或氩气与质量分数为 50% 的氦气的混合气体；当板厚大于 75mm 时，推荐使用氩气与质量分数为 50%~75% 的氦气的混合气体。

焊丝的选择一般应按照成分相同的原则选择。根据板厚不同，可采用短路过渡、喷射过渡、脉冲过渡或大电流喷射过渡等方法进行焊接。

1. 短路过渡焊接规范

2mm 以下的薄板通常采用 0.8~1.2mm 的焊丝，通过短路过渡工艺进行焊接，铝及铝合金薄板短路过渡熔化极氩弧焊规范见表 2-34。

表 2-34 铝及铝合金薄板短路过渡熔化极氩弧焊规范

板厚/mm	接头及坡口形式	坡口间隙/mm	焊接位置	焊接电流/A	焊接电压/V	焊接速度/(mm/min)	焊丝直径/mm	送丝速度/(m/min)	保护气体流量/(L/min)
2	对接、I形坡口	0~0.5	全位置	70~85	14~15	400~600	0.8	—	15
			平焊	110~120	17~18	1200~1400	1.2	5.0~6.2	15~18
1	T形接头、I形坡口	0~0.2	全位置	40	14~15	500	0.8	—	14
2			全位置	70	14~15	300~400	0.8	—	10
				80~90	17~18	800~900		9.5~10.5	14

2. 喷射过渡焊接规范

对于厚度大于 4mm 的工件，一般采用 1.6~2.4mm 的焊丝，选择喷射过渡工艺进行焊接。喷射过渡焊接时采用恒压电源与等速送丝相配合，利用焊接电源电弧的自身调节作用，维持稳定的射流。

对接接头铝合金喷射过渡熔化极氩弧焊焊接规范见表 2-35。T

形接头铝合金喷射过渡熔化极氩弧焊焊接规范如表2-36所示。

表2-35 对接接头铝合金喷射过渡熔化极氩弧焊焊接规范

板厚/mm	坡口形式及尺寸				焊道层数	焊丝直径/mm	焊接电流/A	焊接电压/V	焊接速度/(mm/min)	保护气体流量/(L/min)
	形式	间隙/mm	坡口角度/(°)	钝边/mm						
4	I	0~2	—	—	1	1.6	170~210	22~24	550~750	16~20
		0~2	—	—	2	1.6	160~190	22~25	600~900	16~20
6	I	0~2	—	—	1	1.6	230~270	24~27	400~550	20~24
	V	0~2	60	0~2	2	1.6	170~190	23~26	600~700	20~24
8	V	0~2	60	0~2	2	1.6	240~290	25~28	450~600	20~24
	双V	1~2	60	1~3	2	1.6	250~290	24~27	450~550	20~24
10	V	0~2	60	1~3	3	1.6	240~260	25~28	400~600	20~24
	双V	0~2	60	1~3	2	1.6	290~330	25~29	450~650	24~30
12	V	2~3	60	1~2	4	1.6或2.4	230~260	25~28	350~600	20~24
	双V	1~3	60	2~3	2	2.4	320~350	26~30	350~450	20~24
16	双V	1~3	90	2~3	4	2.4	310~350	26~30	300~400	24~30

表2-36 T形接头铝合金喷射过渡熔化极氩弧焊焊接规范

板厚/mm	坡口形式及尺寸		焊道层数	焊丝直径/mm	焊接电流/A	焊接电压/V	焊接速度/(mm/min)	保护气体流量/(L/min)
	形式	焊脚尺寸/mm						
3	I	5~7	1	1.2	120~140	21~23	700~800	16
4	I	5~8	1	1.2或1.6	160~180	22~24	350~500	16~18
6	I	6~8	1	1.6或2.4	220~250	24~26	500~600	16~24
8	I	8~9	1	2.4	250~280	25~27	400~550	20~28
8	K	—	2~4	2.4	240~270	24~26	550~600	20~28
10	K	—	4~6	2.4	250~280	25~27	500~600	20~28
12	K	—	4~6	2.4	270~300	25~27	450~600	20~28

3. 大电流喷射过渡焊接规范

大电流喷射过渡熔化极氩弧焊是为了提高厚铝板的焊接生产率而出现的一种工艺方法，主要用于焊接厚度大于15mm的工件。由于使用大电流喷射过渡工艺易产生起皱缺陷，所以这时应该使用较大的焊丝直径（$\phi3.5\sim6.4$mm）和双层气流保护。铝合金大电流喷射过渡熔化极氩弧焊焊接规范见表2-37。表中当保护气为氩气和氦气时，内喷嘴采用氩气和50%氦气，外喷嘴采用纯氩气。

表 2-37 铝合金大电流喷射过渡熔化极氩弧焊焊接规范

板厚/mm	接头形式	焊道层数	焊丝直径/mm	焊接电流/A	焊接电压/V	焊接速度/(mm/min)	保护气体	保护气体流量/(L/min)
15	对接接头（不开坡口）	2	2.4	400~430	28~29	400	Ar	80
20		2	3.2	440~460	29~30	400	Ar	80
25		2	3.2	500~550	29~30	300	Ar	100
25	对接接头（双面V形坡口）	2	3.2	480~530	29~30	300	Ar	100
25		2	4.0	560~610	35~36	300	Ar+He	100
35		2	4.0	630~660	30~31	250	Ar	100
45		2	4.8	780~800	37~38	250	Ar+He	150
50		2	4.0	700~730	32~33	150	Ar	150
60		2	4.8	820~850	38~40	200	Ar+He	180
50		2	4.8	760~780	37~38	200	Ar+He	150
60		2	5.6	940~960	41~42	180	Ar+He	180
75		2	5.6	940~960	41~42	180	Ar+He	180

4. 脉冲喷射过渡焊接规范

焊接热敏感性强的热处理强化铝合金或空间位置的接头时，最好选择脉冲喷射过渡工艺。铝合金熔化极脉冲氩弧焊的典型焊接规范见表2-38。

表 2-38 铝合金熔化极脉冲氩弧焊的典型焊接规范

板厚/mm	接头形式	焊接位置	焊丝直径/mm	焊接电流/A	电弧电压/V	焊接速度/(mm/min)	保护气体流量/(L/min)
3	对接	水平焊	1.4~1.6	70~100	18~20	210~240	8~9
		横焊	1.4~1.6	70~100	18~20	210~240	13~15
		向下立焊	1.4~1.6	60~80	17~18	210~240	8~9
		仰焊	1.2~1.6	60~80	17~18	180~210	8~10
4~6	角接	水平焊	1.6~2.0	180~200	22~23	140~200	10~12
		向上立焊	1.6~2.0	150~180	21~22	120~180	10~12
		仰焊	1.6~2.0	120~180	20~22	120~180	8~12
14~25	角接	向上立焊	2.0~2.5	220~230	21~24	60~150	12~25
		仰焊	2.0~2.5	240~300	23~24	60~120	14~26

第3章

CO$_2$气体保护焊

3.1 CO$_2$气体保护焊基本知识

3.1.1 CO$_2$气体保护焊焊接过程

CO$_2$气体保护焊是以CO$_2$气体作为保护介质，使电弧及熔池与周围空气隔离，防止空气中氧、氮、氢对熔滴和熔池金属的有害作用，从而获得具有优良力学性能接头的一种电弧焊方法，也称CO$_2$电弧焊。其焊接过程如图3-1所示。

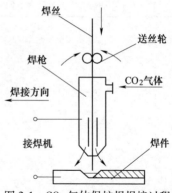

图 3-1　CO$_2$气体保护焊焊接过程

焊丝由送丝轮自动向熔池送进，CO$_2$气体由喷嘴不断喷出，形成一层气体保护区，将熔池与空气隔离，以保证焊缝质量。

从喷嘴中喷出的CO$_2$气体，在电弧的高温下分解为CO与O。温度越高，CO$_2$的分解程度越大。分解出来的氧原子具有强烈的氧化性，会使铁和其他合金元素氧化，因此，在焊接过程中必须采取措施，防止熔池中合金元素的烧损。

3.1.2 CO$_2$气体保护焊的特点及使用范围

1. CO$_2$气体保护焊的特点

（1）焊接成本低　CO$_2$气体来源广，价格低，消耗的焊接电能少，因而 CO_2 气体保护焊的成本低，仅为焊条电弧焊的 $40\%\sim50\%$。

（2）生产效率高　对工件上的油、锈及其他脏物的敏感性较小，焊前清理的要求不高；焊接电流密度大，熔敷速度快，热量集中。对于 10mm 以下的钢板，可以开 I 形坡口一次焊透；对于厚板，可加大钝边、减小坡口，以减少填充金属。CO_2 气体保护焊在焊接过程中产生的熔渣极少，多层多道焊时，层间不必清渣，所以 CO_2 气体保护焊生产效率较高，比焊条电弧焊提高 4 倍左右。

（3）明弧焊接　CO_2 气体保护焊电弧可见性好，易对准焊缝，观察和控制焊接过程方便。

（4）产生缺陷倾向小　CO_2 气体保护焊采用整盘焊丝焊接，焊接过程中不必更换焊丝，与焊条电弧焊相比，减少了停弧换焊条的时间，既节省了填充金属，又减少了引弧次数，减少了因停弧不当产生缺陷的可能性。由于 CO_2 气体保护焊焊缝中扩散氢含量少，在焊接低合金高强钢时，出现冷裂纹的倾向较小。

（5）焊接变形小　因为 CO_2 气体保护焊电流密度大、电弧热量集中、CO_2 气体有冷却作用，工件受热面积小，所以焊后工件变形小。

（6）飞溅较大　CO_2 气体保护焊焊后清理飞溅较麻烦，但焊接参数选择合理时，产生的飞溅比采用碱性焊条的焊条电弧焊少。

（7）弧光强　CO_2 气体保护焊弧光较强，需加强防护。

（8）电源受限　CO_2 气体保护焊不能使用交流电源进行焊接，焊接设备比较复杂。

2. CO_2 气体保护焊适用范围

CO_2 气体保护焊不仅可以焊接低碳钢，而且可以焊接低合金钢、低合金高强度钢，在某些情况下，也可以焊接耐热钢及不锈钢。可焊材料厚度范围为 $0.8\sim150mm$，可用于短焊缝及曲线焊缝的焊接，还可以进行全位置焊接。CO_2 气体保护焊还可用于耐磨零件的堆焊，如曲轴和锻模的堆焊，铸钢件及其他工件缺陷的补焊以及异种材料的焊接，如球墨铸铁与钢的焊接等。

3.2 CO₂气体保护焊设备

3.2.1 CO₂气体保护焊送丝系统

1. 送丝方式

CO₂气体保护焊主要采用等速送丝方式的焊机，其焊接电流通过送丝速度来调节，送丝机构质量的好坏，直接关系到焊接过程的稳定性。因此，要求送丝系统要能维持并保证送丝均匀而平稳，且能使送丝速度在一定范围内进行无级调节，以满足不同直径焊丝及焊接参数的要求。CO₂半自动焊的送丝方式有三种，即推丝式、推拉丝式和拉丝式，如图3-2所示。

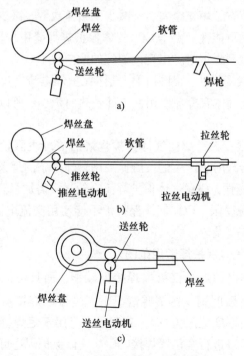

图3-2 CO₂半自动焊的送丝方式

a) 推丝式 b) 推拉丝式 c) 拉丝式

2. 影响送丝稳定性的因素

（1）软管内径 软管内径要和焊丝直径有适当的配合。软管内径过小，焊丝与软管内壁间的接触面积增大，增加送丝阻力。软管内径过大，焊丝在软管内呈波浪形送进，如果采用推丝式，同样会使送丝阻力增大。不同焊丝直径相适应的软管内径尺寸见表 3-1。

表 3-1 不同焊丝直径相适应的软管内径尺寸

焊丝直径/mm	软管内径/mm	焊丝直径/mm	软管内径/mm
0. 8~1. 0	1. 5	>1. 4~2. 0	3. 2
>1. 0~1. 4	2. 5	>2. 0~3. 5	4. 7

（2）软管材料 送丝软管材料的摩擦因数越小越好，一般情况下，用尼龙制成的软管比用弹簧钢丝绕成的软管送丝稳定性要好。

（3）软管弯曲度 软管弯曲时，送丝阻力增大，因此要减小软管的弯曲度，使其保持平直，可有效减小送丝阻力。

（4）焊丝弯曲度 焊丝弯曲会大大增加其在软管中的阻力，导致送丝不稳。减小焊丝弯曲度的有效措施是选用较大的焊丝盘。

（5）导电嘴孔径 如果导电嘴孔径过小，就会增大送丝阻力，当焊丝略有弯曲时，就可能被卡紧在导电嘴中；如果导电嘴孔径过大，会使焊丝的导电性和导向性不好，造成送丝不稳定。一般情况下，对于钢焊丝，当焊丝直径不大于 1. 6mm 时，要求导电嘴孔径比焊丝直径大 0. 1~0. 3mm；当焊丝直径大于 1. 6mm 时，要求导电嘴孔径比焊丝直径大 0. 4~0. 6mm。对于非铁金属焊丝，还要在此基础上将孔径尺寸增大 0. 1~0. 3mm。

（6）导电嘴长度 如果导电嘴的长度过大，也会增大焊丝在导电嘴中的阻力，并造成送丝不稳的现象。一般情况下，导电嘴的长度为 20~30mm。

（7）导电嘴的材料 一般情况下，导电嘴选用黄铜制造，其送丝阻力小，铬青铜或磷青铜制造的导电嘴的送丝阻力稍大一些，不同规格型号的黄铜导电嘴如图 3-3 所示。

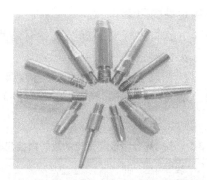

图 3-3　不同规格型号的黄铜导电嘴

3.2.2　CO_2 气体保护焊焊枪

最常用的 CO_2 气体保护焊的焊枪是半自动焊枪，有鹅颈式和手枪式两种，如图 3-4 所示。

a)　　　　　　　　　　　　　　　　b)

图 3-4　常用 CO_2 气体保护焊焊枪

a）鹅颈式　b）手枪式

3.2.3　CO_2 气体保护焊焊机的维护

1）经常检查送丝软管工作情况，及时清理管内污垢，以防被污垢堵塞。

2）经常检查导电嘴磨损情况，及时更换磨损大的导电嘴，以免影响焊丝导向及焊接电流的稳定性。发现导电嘴孔径严重磨损时，应及时更换。

3）经常检查电源和控制部分的接触器及继电器触点的工作情况，发现烧损或接触不良时，应及时修理或更换。

4）经常检查送丝电动机和小车电动机的工作状态，发现碳刷磨损、接触不良时要及时修理或更换。

5）经常检查送丝滚轮的压紧情况和磨损程度，定期检查送丝机构、减速器的润滑情况，及时添加或更换新的润滑油。

6）经常检查导电嘴与导电杆之间的绝缘情况，防止导电嘴带电，并及时清除附着的飞溅金属。

7）经常检查供气系统工作情况，防止漏气、焊枪分流环堵塞、预热器以及干燥器工作不正常等问题，保证气流均匀畅通。

8）定期用干燥压缩空气清洁焊机。

9）当焊机较长时间不用时，应将焊丝自软管中退出，以免日久生锈。

10）当焊机出现故障时，不要随便拨弄电器元件，应停机停电，检查修理。

11）工作完毕或因故离开，要关闭气路，切断电源。

3.2.4　CO$_2$气体保护焊焊机常见故障的排除

判断CO$_2$气体保护焊焊机设备故障时，一般采用直接观察法、仪表测量法、示波器波形检测法和新元件代入等方法。检修和消除故障的一般步骤是，从故障发生部位开始，逐级向前检查。对于被检修的各个部分，首先检查易损、易坏、经常出毛病的部件，随后再检查其他部件。

CO$_2$气体保护焊焊机常见故障产生的原因及排除方法见表3-2。

表3-2　CO$_2$气体保护焊焊机常见故障产生的原因及排除措施

序号	故障现象	产生故障的原因	排除故障的方法
1	焊接电弧不稳定	1）电网电压波动 2）送丝不稳定 ① 送丝滚轮V形槽口磨损或与焊丝直径不匹配 ② 送丝轮压力不够	1）加大供电电源变压器容量，不与其他大功率用电装置共用同一电网线路（如大功率电阻焊机等） 2）使送丝稳定 ① 更换与焊丝直径相匹配的送丝轮 ② 调整压力

（续）

序号	故障现象	产生故障的原因	排除故障的方法
1	焊接电弧不稳定	③ 送丝软管堵塞或接头处有硬弯 ④ 导电嘴孔径太大或太小 ⑤ 送丝软管弯曲半径小于400mm 3）三相电源的相间电压不平衡 4）焊接参数未调好 5）连接处接触不良 6）夹具导电不良 7）二次侧极性接反 8）焊工操作或规范选用不当 9）电抗器抽头位置选用不当	③ 清理送丝软管中的尘埃、铁粉等，消除硬弯 ④ 更换合适孔径的导电嘴 ⑤ 展开送丝软管 3）检查熔断器，整流元件是否损坏并更换之 4）重新选择焊接参数 5）检查各导电连接处是否松动 6）改善夹具与工件的接触 7）改变错误的接线 8）按正确操作方式施焊，重新选用焊接参数 9）重新选用合适的电抗器抽头档
2	产生气孔或凹坑	1）工件表面不清洁 2）焊丝上粘有油污或生锈 3）CO_2（或 Ar）气体流量太小 4）风吹焊接区，气体保护恶化 5）喷嘴上粘有飞溅物，保护气流不畅 6）CO_2 气体质量太差 7）喷嘴与焊接处距离太远	1）清理工件上的油、污、锈、涂料等 2）加强焊丝的保管与使用，清除焊丝、送丝轮和软管中的油污 3）检查气瓶气压是否太低，接头处是否漏气、气体调节配比是否合适 4）在野外或有风处施焊，应采取相应保护措施 5）清除喷嘴上的飞溅物，并涂抹硅油 6）采用高纯度 CO_2 气体 7）保持合适的焊丝干伸长进行焊接
3	空载电压过低	1）电网电压过低 2）三相电源缺相运行 ① 熔断器烧断 ② 整流元件损坏 ③ 接触器某相触点接触不良	1）加大供电电源变压器容量，或避免白天用电高峰时焊接 2）检修 ① 更换 ② 更换 ③ 检修或更换

（续）

序号	故障现象	产生故障的原因	排除故障的方法
4	焊缝呈蛇行状	1）焊丝干伸长过长 2）焊丝矫直装置调整不合适	1）保持合适的焊丝干伸长[⊖] 2）重新调整
5	送丝电动机不运转	1）送丝滚轮打滑 2）焊丝与导电嘴熔结在一起 3）送丝轮与导向管间焊丝发生卷曲 4）控制电路或送丝电路的熔断器的熔丝烧断 5）控制电缆插头接触不良 6）焊枪开关接触不良或控制电路断开 7）控制继电器线圈或触点烧坏 8）调整电路故障 ① 印制电路板插座接触不良 ② 电路中元器件损坏 ③ 有虚焊或断线现象 ④ 控制变压器烧坏 9）电动机损坏	1）调整送丝轮压力 2）重新更换导电嘴 3）剪除该段焊丝后，重新装焊丝 4）更换熔丝 5）检查插头后拧紧，如不行则更换 6）更换开关，修复断开处 7）更换控制继电器 8）排除调整电路故障 ① 检查插座插紧 ② 更换损坏元器件 ③ 修复断开或虚焊处 ④ 更换控制变压器 9）更换电动机
6	焊枪（喷嘴）过热	1）冷却水压不足或管道不畅 2）焊接电流过大，超过焊枪许用负载	1）设法提高水压，清理疏通管路，消除漏水处 2）选用与实际焊接电流相适应的焊枪
7	电压调节失控	1）焊接主电路断线或接触不良 2）变压器抽头切换开关损坏 3）整流元件损坏 4）移相和触发电路故障 5）继电器线圈或触点烧坏 6）自饱和磁放大器故障	1）检查焊接电路，接通断开处，拧紧螺栓 2）更换新开关 3）更换整流元件 4）修理或更换损坏的元器件 5）更换继电器 6）逐级检查，排除故障

⊖ "干伸长"是指焊丝伸出导电嘴的长度。

（续）

序号	故障现象	产生故障的原因	排除故障的方法
8	CO$_2$保护气体不流出或无法关断	1）电磁气阀失灵 2）气路堵塞 ①减压表冻结 ②水管折弯 ③飞溅物阻塞喷嘴 3）气路严重漏气 4）气瓶压力太低	1）先检查气阀控制线路或更换电磁气阀 2）使气路通畅 ①接通预热器 ②理顺水管 ③清除阻塞物，并涂抹硅油 3）更换破损气管，排除漏气原因 4）换上压力足够的新气瓶
9	引弧困难	1）焊接电路电阻太大 ①电缆截面面积太小或电缆过长 ②焊接电路中各连接处接触不良 2）焊接参数不合适 3）工件表面太脏 4）焊工操作不当	1）降低焊接电路电阻 ①加大电缆截面，减少接头或缩短电缆长度 ②检查各连接处，使之接触良好 2）加大电弧电压，降低送丝速度 3）清除工件表面油污、漆膜和锈迹 4）调节焊丝干伸长，改变焊枪角度，降低焊接速度
10	焊丝回烧（焊丝与导电嘴末端焊住）	1）焊接规范不合适 2）导电嘴导电不良 3）焊接回路电阻太大 4）焊工操作不当 5）导电嘴与工件间的距离太近	1）降低电弧电压，减低送丝速度 2）更换导电不良的导电嘴 3）加大电缆截面，缩短电缆长度，检查各连接处，使之保证良好导电 4）改变焊接角度，增加焊丝干伸长 5）适当拉开两者间的距离
11	焊接电压过低且电源有异常声响	1）硅整流元件击穿短路 2）三相主变压器短路	1）更换硅整流元件 2）修复短路处

3.2.5 焊丝

1. 实心焊丝

CO_2是一种氧化性气体，焊接时，CO_2在电弧高温区分解为CO和O，分解出来的氧原子具有强烈的氧化性，会使熔池中的合金元素烧损，并容易引起气孔及飞溅。为了防止气孔、减少飞溅和保证焊缝具有一定的力学性能，要求焊丝中含有足够的合金元素。

若用碳脱氧，将引起飞溅并产生大量的气孔。

若仅用硅脱氧，将产生高熔点的二氧化硅，它不易浮出熔池，容易产生夹渣。

若仅用锰脱氧，生成的氧化锰密度大，不易浮出熔池，也容易生成夹渣。

若用硅和锰联合脱氧，并保持适当的比例，则硅和锰的氧化物形成硅酸锰盐，它的密度小，容易从熔池中浮出，不会产生夹渣。因此，CO_2气体保护焊用焊丝都含有较高的锰和硅。

（1）焊丝的化学成分　CO_2气体保护焊对焊丝的化学成分有以下要求：

1）焊丝必须含有足够数量的脱氧元素，防止产生气孔和减少焊缝金属中的含氧量。

2）焊丝的含碳量要低，一般要求含碳量不大于0.11%（质量分数），如果含碳量过高，会增加气孔和飞溅的产生。

3）焊丝的化学成分要保证焊缝金属有较好的力学性能和抗裂性能。

4）由于焊丝表面的清洁程度直接影响焊缝金属中的含氢量，因此，在焊接前应采取必要的措施，清除掉焊丝表面的水分和污物。

（2）焊丝型号　GB/T 8110—2008《气体保护电弧焊用碳钢、低合金钢焊丝》对气体保护焊用焊丝有明确的规定和说明。焊丝型号由三部分组成，第一部分用字母"ER"，表示焊丝；第二部分两位数字，表示焊丝熔敷金属的最低抗拉强度；第三部分为短横线"−"后的字母或数字，表示焊丝化学成分代号。有时，在型号后附加扩散氢代号 HX，其中 X 代表 15、10 或 5。

焊丝型号含义示例如下：

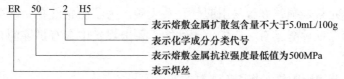

其中适合 CO_2 气体保护焊用的焊丝有 ER49-1、ER50-2、ER50-3、ER50-4、ER50-6、ER50-7。

（3）焊丝的主要性能　常用的 CO_2 气体保护焊用焊丝的主要性能如下：

1）ER49-1 焊丝适用于单道焊和多道焊，具有良好的抗气孔性能，常用来焊接低碳钢和某些低合金钢。

2）ER50-2 焊丝主要用于镇静钢、半镇静钢和沸腾钢的单道焊，也可用于某些多道焊的场合。由于添加了脱氧剂，这种填充金属能够用来焊接表面有锈和污物的钢材。

3）ER50-3 焊丝适用于焊接单道和多道焊缝，典型的母材标准通常与 ER50-2 类别适用的一样，ER50-3 焊丝是使用广泛的 GMAW 焊丝。

4）ER50-4 焊丝适用于焊接要求比 ER50-3 焊丝填充金属能提供更多脱氧能力的钢种。典型的母材标准通常与 ER50-2 类别适用的一样。

5）ER50-6 焊丝既适用于单道焊又适用于多道焊。特别适合于要求有平滑焊道的金属薄板和有中等数量铁锈或热轧氧化皮的型钢和钢板。在进行 CO_2 气体保护焊接时，这些焊丝允许较高的电流范围，典型的母材标准通常与 ER50-2 类别适用的一样。

6）ER50-7 焊丝适用于单道焊和多道焊，与 ER50-3 焊丝填充金属相比，它们可以在较高的速度下焊接，并且能提供较好的润湿作用和焊道成形，典型的母材标准通常与 ER50-2 类别适用的一样。

2. 药芯焊丝

药芯焊丝是用薄钢带卷成圆形管或异形管，在其管中填入一定成分的药粉，经拉制而成的焊丝。通过调整药粉的成分和比例，可获得不同性能、不同用途的焊丝。

药芯焊丝中焊药的主要作用如下：

1）保护熔化金属免受空气中氧和氮的污染，提高焊缝金属的致密性。

2）保持电弧稳定燃烧，减少飞溅，使接头区域平滑、整洁。

3）熔渣与液态金属发生冶金反应，消除熔化金属中的杂质，熔渣壳对焊缝有机械性的保护作用。

4）调整焊缝金属的化学成分，使焊缝金属具有不同的力学性能、冶金性能和耐蚀性能。

常用的药芯焊丝有低碳钢焊丝、低合金钢焊丝、堆焊用焊丝以及不锈钢焊丝等。常用药芯焊丝的牌号和性能见表 3-3。

表 3-3　常用药芯焊丝的牌号和性能

焊条牌号		YJ502	YJ507（C）	YJ507CuCr	YJ607	YJ707
焊缝金属化学成分（质量分数,%）	C	~0.10	~0.10	≤0.12	≤0.12	≤0.15
	Mn	~1.20	~1.20	0.5~1.2	1.25~1.75	~1.5
	Si	~0.5	~0.5	≤0.6	≤0.6	~0.6
	Cr			0.25~0.60		
	Cu			0.2~0.5		
	Mo				0.25~0.45	~0.3
	Ni					~1.0
	S、P	≤0.03				
焊缝力学性能	R_m/MPa	≥490	≥490	≥490	≥590	≥690
	$R_{p0.2}$/MPa			≥343	≥530	≥590
	A（%）	≥22	≥22	≥20	≥15	≥15
	KV_2/J	≥28(-20℃)	≥28(-30℃)	≥47(0℃)	≥27(-40℃)	≥27(-30℃)

（续）

焊条牌号			YJ502	YJ507（C）	YJ507CuCr	YJ607	YJ707
推荐 参数	I/A	$\phi1.6$	180~350	180~400	110~350	180~320	200~320
		$\phi2.0$	200~400	200~450		250~400	250~400
	U/V	$\phi1.6$	23~30	25~32	22.5~32	28~32	25~32
		$\phi2.0$	25~32	25~35			28~35	28~35
	CO_2 流量/ （L/min）		15~25	15~20	15~25	15~20	15~20

3. 焊丝直径

焊丝直径可根据表3-4选择。

表3-4 不同焊丝直径的适用范围

焊丝直径/mm	熔滴过渡形式	焊件厚度/mm	焊缝位置
0.5~0.8	短路过渡	1.0~2.5	全位置
	滴状过渡	2.5~4	水平位置
1.0~1.2	短路过渡	2~8	全位置
	滴状过渡	2~12	水平位置
1.6	短路过渡	3~12	水平、立、横、仰
>1.6	滴状过渡	>6	水平

3.2.6 CO_2 气体

在进行 CO_2 气体保护焊接时，CO_2 可以有效地保护电弧和金属熔池区免受空气的侵袭。由于 CO_2 气体具有氧化性，在焊接过程中，产生氢气孔的可能性较小。

工业上一般使用瓶装液态 CO_2，既经济又方便。规定钢瓶主体喷成银白色，用黑漆标明"二氧化碳"字样。

容量为40L的标准钢瓶，可灌入25kg液态的 CO_2，约占钢瓶容积的80%，其余20%的空间充满了 CO_2 气体，气瓶压力表上指示的就是这部分气体的饱和压力，它的值与环境温度有关。温度高时，饱和气压增高；温度降低时，饱和气压降低。0℃时，饱和气压为3.63MPa；20℃时，饱和气压为5.72MPa；30℃时，饱和气压达 7.48MPa。因此，应防止 CO_2 气瓶靠近热源或让烈日曝晒，以免发生爆炸事故。如果需要了解瓶内 CO_2 余量，一般用称钢瓶重量的办法来测量。

当气瓶中液态的 CO_2 气体全部挥发成气体后，气瓶内的压力才开始逐渐下降。液态 CO_2 中可溶解 0.05%（质量分数）的水，多余的水沉在瓶底，这些水和液态 CO_2 一起挥发后，将混入 CO_2 气体中进入焊接区。CO_2 气体的纯度对焊接质量的影响很大，随着 CO_2 气体中水分的增加，焊缝金属中的扩散氢含量也增加，容易出现气孔，焊缝的塑性变差。一般焊接用 CO_2 气体的纯度不低于99.5%（质量分数）。

采用瓶装液态 CO_2 供气时，为了减少瓶内水分与空气含量，提高输出 CO_2 气体纯度，一般采取以下措施：

1）鉴于在温度高于-11℃时，液态 CO_2 比水轻，将新灌气瓶倒置 1~2h 后，打开阀门，可排出沉积在下面的自由状态的水。根据瓶中含水量的不同，每隔 30min 左右放一次水，需放水 2~3 次，然后将气瓶放正。

2）使用前先打开瓶口阀门，放气 2~3min，以排除装瓶时混入的空气和水分，然后再接输气管。

3）在气路中串接干燥器，进一步减少 CO_2 气体的水分。

4）气瓶中压力降到 1MPa 时，停止用气。焊接对水比较敏感的金属时，当气体压力降至 1.5MPa 时，就不再使用。

当焊丝直径小于或等于 1.2mm 时，气体流量一般为 6~15L/min；焊丝直径大于 1.2mm 时，气体流量应取 15~25L/min。

3.3 CO₂ 气体保护焊基本操作技术

3.3.1 CO₂ 气体保护焊操作规程

1）现场使用的焊机，应设有防雨、防潮、防晒的机棚，并应装设相应的消防器材。检查并确认焊丝的进给机构、电线的连接部分、CO_2 气体的供气系统及冷却水循环系统合乎要求，焊枪冷却水系统不得漏水。

2）CO_2 气体气路系统包括 CO_2 气瓶、预热器、干燥器、减压阀、电磁气阀、流量计。使用前，检查各部连接处是否漏气，CO_2 气体是否畅通和均匀喷出。

3）CO_2 气瓶宜放阴凉处，其最高温度不得超过 30℃，并应放置牢固，不得靠近热源。作业前，CO_2 气体应预热 15min，开气时，操作人员必须站在瓶嘴的侧面。CO_2 气体预热器端的电压，不得大于 36V，作业后，应切断电源。

4）焊接操作及配合人员必须按规定穿戴劳动防护用品，并必须采取防止触电、高空坠落、瓦斯中毒和火灾等事故的安全措施。

5）当需施焊受压容器、密封容器、油桶、管道、沾有可燃气体和溶液的工件时，应先消除容器及管道内压力，消除可燃气体和溶液，然后冲洗有毒、有害、易燃物质；对存有残余油脂的容器，应先用蒸汽、碱水冲洗，并打开盖口，确认容器清洗干净后，再灌满清水方可进行焊接。在容器内焊接时，应采取防止触电、中毒和窒息的措施。焊接密封容器应留出气孔，必要时，在进、出气口处装设通风设备；容器内照明电压不得超过 12V，焊工与工件间应绝缘；容器的出入口处应设专人监护，严禁在已喷涂过油漆和塑料的容器内焊接。

6）焊接铜、铝、锌、锡等非铁金属时，应通风良好，焊接人员应戴防毒面罩、呼吸滤清器或采取其他防毒措施。

7）认真熟悉焊接有关图样，弄清焊接位置和技术要求。

8）认真进行焊前清理，CO_2 焊虽然没有钨极氩弧焊那样对坡口要求的严格，但也应清理坡口及其两侧表面的油污、漆层、氧化皮等杂物。

9）接通焊接电源。

10）送丝并引弧。

11）开始焊接。

12）停止送丝并灭弧。

13）切断焊接电源。

14）滞后停气 2~3s。

3.3.2 焊枪操作要点

1. 持枪姿势

半自动 CO$_2$ 焊接时，焊枪上接有焊接电缆、控制电缆、气管、水管及送丝软管等，焊枪的重量较大，焊工操作时很容易疲劳，而使操作者很难握紧焊枪，影响焊接质量。因此，应该尽量减轻焊枪把线的重量，并利用肩部、腿部等身体的可利用部位，减轻手臂的负荷，使手臂处于自然状态，手腕能够灵活带动焊枪移动。正确的持枪姿势如图 3-5 所示，若操作不熟练时，最好双手持枪。

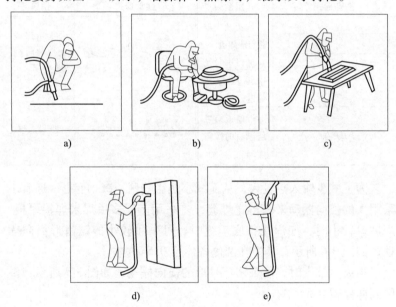

图 3-5　正确的持枪姿势

a）蹲位平焊　b）坐位平焊　c）立位平焊　d）站位立焊　e）站位仰焊

2. 焊枪与工件的相对位置

在焊接过程中，应保持一定的焊枪角度和喷嘴到工件的距离，并能清楚地观察熔池。同时还要注意焊枪移动的速度要均匀，焊枪要对准坡口的中心线等。通常情况下，焊工可根据焊接电流的大小、熔池形状、装配情况等适当调整焊枪的角度和移动速度。

3. 送丝机与焊枪的配合

送丝机要放在合适的位置，保证焊枪能在需要焊接的范围内自由移动。焊接过程中，软管电缆最小曲率半径要大于 30mm，以便焊接时可随意拖动焊枪。

4. 焊枪摆动形式

为了控制焊缝的宽度和保证熔合质量，CO_2 气体保护焊焊枪要作横向摆动。焊枪的摆动形式及应用范围见表 3-5。

表 3-5　焊枪的摆动形式及应用范围

摆动形式	用途	摆动形式	用途
← ————————	薄板及中厚板打底焊道	⌒⌒⌒⌒ ←	平角焊或多层焊时的第一层
∿∿∿∿∿∿∿	坡口小时及中厚板打底焊道		
∧∧∧∧∧∧	焊厚板第二层以后的横向摆动	⋏⋏⋏⋏⋏⋏⋏⋏	坡口大时

为了减少输入热输入，从而减小热影响区，减小变形，通常不采用大的横向摆动来获得宽焊缝，多采用多层多道焊来焊接厚板，当坡口较小时，如焊接打底焊缝时，可采用较小的锯齿形横向摆动，如图 3-6 所示，其中在两侧各停留 0.5s 左右。

当坡口较大时，可采用弯月形的横向摆动，如图 3-7 所示，两侧同样停留 0.5s 左右。

图 3-6　锯齿形的横向摆动

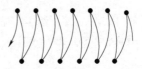

图 3-7　弯月形的横向摆动

3.3.3　引弧操作要点

CO_2 气体保护焊的引弧不采用划擦式引弧，主要是采用碰撞引弧，但引弧时不必抬起焊枪。具体操作步骤如下：

1）引弧前，先按遥控盒上的点动开关或按焊枪上的控制开关，点动送出一段焊丝，焊丝伸出长度小于喷嘴与工件间应保持的距离，超长部分应剪去，如图3-8所示。若焊丝的端部出现球状时，必须剪去，否则引弧困难。

2）将焊枪按要求放在引弧处，注意此时焊丝端部与工件未接触，喷嘴高度由焊接电流决定。如图3-9所示。

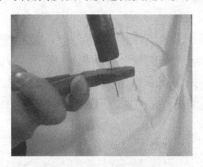
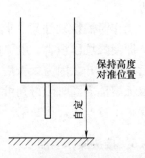

图3-8 引弧前剪去超长的焊丝   图3-9 准备引弧

3）按焊枪上的控制开关，焊机自动提前送气，延时接通电源，并保持高电压、慢送丝，当焊丝碰撞工件短路后，自动引燃电弧。短路时，焊枪有自动顶起的倾向，故引弧时要稍用力向下压焊枪，保证喷嘴与工件间距离，防止因焊枪抬起太高导致电弧熄灭，如图3-10所示。

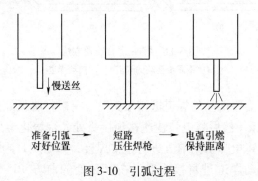

准备引弧 ——→ 短路 ——→ 电弧引燃
对好位置   压住焊枪   保持距离

图3-10 引弧过程

3.3.4 收弧操作要点

CO$_2$气体保护焊在收弧时与焊条电弧焊不同，不要像焊条电弧焊那样习惯地把焊枪抬起，这样会破坏对熔池的有效保护，容易产生气孔等缺陷。正确的操作方法是在焊接结束时，松开焊枪开关，保持焊枪到工件的距离不变，一般 CO$_2$气体保护焊有弧坑控制电路，此时焊接电流与电弧电压自动变小，待弧坑填满后，电弧熄灭。

操作时需特别注意，收弧时焊枪除停止前进外，不能抬高喷嘴，即使弧坑已填满，电弧已熄灭，也要让焊枪在弧坑处停留几秒钟后才能移开。因为灭弧后，控制线路仍保证继续送气一段时间，以保证熔池凝固时能得到可靠的保护，若收弧时抬高焊枪，则容易因保护不良产生焊接缺陷。

3.3.5 接头操作要点

接头的好坏直接影响焊接质量，接头处的处理方法如图 3-11 所示。

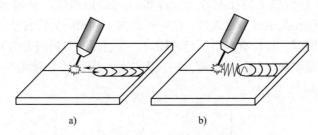

图 3-11 接头处的处理方法
a）不需要摆动的焊道 b）摆动焊道

当对不需要摆动的焊道进行接头时，一般在收弧处的前方 10 ~ 20mm 处引弧，然后将电弧快速移到接头处，待熔化金属与原焊缝相连后，再将电弧引向前方进行正常焊接，如图 3-11a 所示。

当对摆动焊道进行接头时，在收弧处的前方 10 ~ 20mm 处引弧，然后以直线方式将电弧带到接头处，待熔化金属与原焊缝相连后，再从接头中心开始摆动，在向前移动的同时逐渐加大摆幅转入正常焊接，如图 3-11b 所示。

3.3.6 起头和收尾操作要点

1. 焊缝起头操作要点

在焊接的起始阶段，因母材温度较低，焊缝熔深较浅，容易引起母材和焊缝金属熔合不良。为了避免出现焊缝缺陷，应使用引弧板或用倒退法进行焊接，如图 3-12 所示。

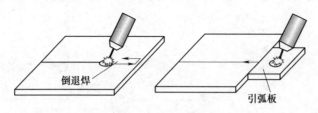

倒退焊　　　　　　　　　引弧板

图 3-12　焊缝端头的处理

2. 焊缝收尾操作要点

在焊缝末尾的弧坑处，由于熔化金属的厚度不足而产生裂纹和缩孔。为了消除弧坑，可使用带有弧坑处理装置的焊机。该装置在弧坑位置能自动地将焊接电流减小到原来电流的 $60\% \sim 70\%$，同时电弧电压也降到合适值，自行将弧坑填平。此外，还可采用多次断续引弧来填平弧坑。填平弧坑的停止程序如图 3-13 所示。

3.3.7 CO₂气体保护焊基本操作要点

CO₂ 气体保护焊薄板对接一般都采用短路过渡，随着工件厚度的增大，大都采用颗粒过渡，这时熔

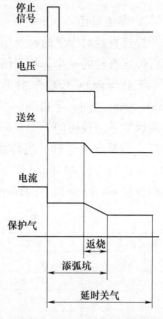

停止信号

电压

送丝

电流

保护气

返烧

添弧坑

延时关气

图 3-13　填平弧坑的停止程序

深较大，可以提高单道焊的厚度或减小坡口尺寸。

1. 焊接方向

一般情况下采用左焊法，其特点是易观察焊接方向，熔池在电弧力的作用下熔化，金属被吹向前方，使电弧不作用在母材上，熔深较浅，焊道平坦且较宽，飞溅较大，保护效果好，如图 3-14 所示。

在要求焊缝有较大熔深和较小飞溅时也可采用右焊法，但不易得到稳定的焊道，焊道高而窄，易烧穿，如图 3-15 所示。

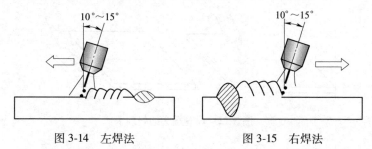

图 3-14　左焊法　　　　　　图 3-15　右焊法

2. 焊丝直径

焊丝直径对焊缝熔深及熔敷速度有较大影响，当电流相同时，随着焊丝直径的减小，焊缝熔深增大，熔敷速度也增大。

实心焊丝的 CO_2 气体保护焊丝直径的范围较窄，一般在 $\phi 0.4 \sim 5mm$ 之间，半自动焊多采用直径为 $0.4 \sim 1.6mm$ 的焊丝，而自动焊常采用较粗的焊丝。焊丝直径应根据工件厚度、焊接位置及生产率的要求来选择。当焊接薄板或中厚板的立焊、横焊、仰焊时，多选用直径 $\phi 1.6mm$ 以下的焊丝；在平焊位置焊接中厚板时可选用直径 $\phi 1.2mm$ 以上的焊丝。焊丝直径的选择见表 3-6。

表 3-6　焊丝直径的选择

焊丝直径/mm	工件厚度/mm	施焊位置	熔滴过渡形式
0.8	1~3	各种位置	短路过渡
1.0	1.5~6	各种位置	短路过渡
1.2	2~12	各种位置	短路过渡
	中厚	平焊、平角焊	细颗粒过渡

（续）

焊丝直径/mm	工件厚度/mm	施焊位置	熔滴过渡形式
1.6	6~25	各种位置	短路过渡
	中厚	平焊、平角焊	细颗粒过渡
2.0	中厚	平焊、平角焊	细颗粒过渡

3. 焊接电流

焊接电流影响焊缝熔深及焊丝熔敷速度的大小。如果焊接电流过大，不仅容易产生烧穿、裂纹等缺陷，而且工件变形量大，飞溅也大；若焊接电流过小，则容易产生未焊透、未熔合、夹渣及焊缝成形不良等缺陷。通常，在保证焊透、焊缝成形良好的前提下，尽可能选用较大电流，以提高生产率。

每种直径的焊丝都有一个合适的焊接电流范围，只有在这个范围内焊接过程才能稳定进行。当焊丝直径一定时，随焊接电流增加，熔深和熔敷速度均相应增大。

焊接电流主要根据工件厚度、焊丝直径、焊接位置及熔滴过渡形式来决定。焊丝直径与焊接电流的关系见表3-7。

表 3-7　焊丝直径与焊接电流的关系

焊丝直径/mm	焊接电流范围/A	工件厚度/mm
0.6	40~100	0.6~1.6
0.8	50~150	0.8~2.3
0.9	70~200	1.0~3.2
1.0	90~250	1.2~6
1.2	120~350	2.0~10
>1.2	≥300	>6.0

4. 焊接电压

焊接电压应与焊接电流相配合，电压过高或过低都会影响电弧的稳定性，使飞溅增大。

1）通常短路过渡时，电流不超过200A，电弧电压可用式 $U=0.04I+16\pm2$ 计算，式中 U 是电弧电压，单位为 V；I 是焊接电流，单位为 A。

2）细颗粒过渡时，焊接电流一般大于200A，电弧电压可用式 $U=0.04I+20\pm2$ 计算，式中 U 是电弧电压，单位为 V；I 是焊接电流，单位为 A。

3）焊接位置的不同，焊接电流和电压也要进行相应修正，见表 3-8。

表 3-8 CO_2 气体保护焊不同焊接位置电流与电压的关系

焊接电流/A	电弧电压/V	
	平焊	立焊和仰焊
70~120	18~21.5	18~19
120~170	19~23.5	18~21
170~210	19~24	18~22
210~260	21~25	—

4）焊接电缆加长时，还要对电弧电压进行修正，表 3-9 是电缆长度与焊接电流、电弧电压增加值的关系。

表 3-9 电缆长度与焊接电流、电弧电压增加值的关系

电缆长/m	电压增加值/V				
	焊接电流				
	100A	200A	300A	400A	500A
10	约1	约1.5	约1	约1.5	约2
15	约1	约2.5	约2	约2.5	约3
20	约1.5	约3	约2.5	约3	约4
25	约2	约3.5	约4	约4	约5

5. 电源极性

CO_2 气体保护焊一般都采用直流反接，具有电弧稳定性好，飞溅小及熔深大等特点，此时焊接过程稳定，飞溅较小。直流正接时，在相同的焊接电流下，焊丝熔化速度大大提高，约为反接时的 1.6 倍，焊接过程不稳定，焊丝熔化速度快、熔深浅、堆高大、飞溅增多，主要用于堆焊及铸铁补焊。

6. CO$_2$ 气体流量

在正常焊接情况下，保护气体流量与焊接电流有关，一般在 200A 以下焊接时气体流量为 10~15L/min，在 200A 以上焊接时气体流量为 16~25L/min。保护气体流量过大和过小都会影响保护效果。影响保护效果的另一个因素是焊接区附近的风速，在风的作用下，保护气流会被吹散，使电弧、熔池及焊丝端头暴露于空气中，破坏保护气氛。一般当风速在 2m/s 以上时，应停止焊接。

7. 焊丝伸出长度

焊丝伸出长度是指导电嘴到工件之间的距离。焊接过程中，合适的焊丝伸出长度是保证焊接过程稳定的重要因素之一。由于 CO$_2$ 气体保护焊的电流密度较高，当送丝速度不变时，如果焊丝伸出长度增加，焊丝的预热作用较强，有时焊丝容易发生过热而成段熔断，焊丝熔化的速度较快，电弧电压升高，焊接电流减小，造成熔池温度降低，热量不足，容易引起未焊透等缺陷。同时电弧的保护效果变坏，焊缝成形不好，熔深较浅，飞溅严重。当焊丝伸出长度减小时，焊丝的预热作用减小，熔深较大，飞溅少，如果焊丝伸出长度过小，会影响观察电弧，飞溅金属容易堵塞喷嘴，导电嘴容易过热烧坏，阻挡焊工视线，不利于操作。

焊丝的伸出长度对焊缝成形的影响如图 3-16 所示。

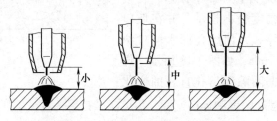

图 3-16　焊丝伸出长度对焊缝成形的影响

对于不同直径、不同材料的焊丝，允许的焊丝伸出长度不同。焊丝伸出长度的允许值见表 3-10。

表 3-10　焊丝伸出长度的允许值

焊丝直径/mm	焊丝伸出长度/mm
0.8	5~12
1.0	6~13
1.2	7~15
1.6	8~16
≥2.0	9~18

3.3.8　CO₂ 气体保护焊平焊操作要点

1）平焊时的焊枪角度如图 3-17 所示。

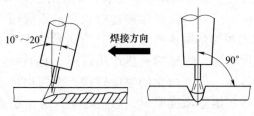

图 3-17　焊枪角度

2）在离工件右端定位焊焊缝约 20mm 坡口的一侧引弧，然后开始向左焊接，焊枪沿坡口两侧作小幅度横向摆动，并控制电弧在离底边约 2~3mm 处燃烧，当坡口底部熔孔直径达 3~4mm 时，转入正常焊接。

3）打底焊接时，电弧始终在坡口内作小幅度横向摆动，并在坡口两侧稍作停顿，使熔孔深入坡口两侧各 0.5~1mm，如图 3-18 所示。焊接时应根据间隙和熔孔直径的变化

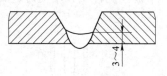

图 3-18　打底焊接

调整横向摆动幅度和焊接速度，尽可能维持熔孔直径不变，以获得宽窄和高低均匀的反面焊缝并能有效防止气孔的产生。

4）熔池停留时间也不宜过长，否则易出现烧穿。正常熔池呈椭圆形，如出现椭圆形熔池被拉长，即为烧穿前兆。此时应根据具体情况，改变焊枪操作方式来防止烧穿。

5) 注意焊接电流和电弧电压的配合，电弧电压过高，易引起烧穿，甚至灭弧；电弧电压过低，则在熔滴很小时就引起短路，并产生严重飞溅。

6) 严格控制喷嘴的高度，电弧必须在离坡口底部 2~3mm 处燃烧。

3.3.9 CO₂气体保护焊立焊操作要点

CO₂ 气体保护焊立焊有向上焊接和向下焊接两种，一般情况下，板厚不大于 6mm 时，采用向下立焊的方法，如果板厚大于 6mm，则采用向上立焊的方法。

1. 向下立焊

1) CO₂ 气体保护焊向下立焊时的焊枪角度如图 3-19 所示。

2) 在工件的顶端引弧，注意观察熔池，待工件底部完全熔合后，开始向下焊接。焊接过程采用直线运条，焊枪不作横向摆动。由于铁液自重影响，为避免熔池中铁液流淌，在焊接过程中应始终对准熔池的前方，对熔池起到上托的作用。如果掌握不好，则会出现铁液流到电弧的前方，如图 3-20 所示。此时应加速焊枪的移动，并应减小焊枪的角度，靠电弧吹力把铁液推上去，以避免产生焊瘤及未焊透缺陷。

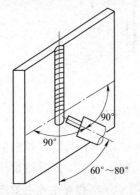

图 3-19 向下立焊时焊枪角度

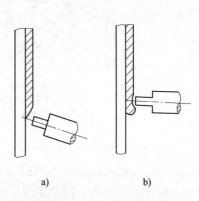

图 3-20 焊枪与熔池的关系

a) 正常 b) 不正常

3）当采用短路过渡方式焊接时，焊接电流较小，电弧电压较低，焊接速度较快。

2. 向上立焊

1）向上立焊时的熔深较大，容易焊透。虽然熔池的下部有焊道依托，但熔池底部是个斜面，熔融金属在重力作用下比较容易下淌，因此，很难保证焊道表面平整。为防止熔融金属下淌，必须采用比平焊稍小的电流，焊枪的摆动频率

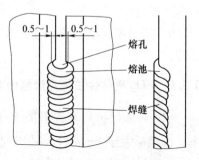

图 3-21　立焊时的熔孔与熔池

应稍快，采用锯齿形节距较小的摆动方式进行焊接，使熔池小而薄，熔滴过渡采用短路过渡形式。向上立焊时的熔孔与熔池如图 3-21 所示。

2）向上立焊时的焊枪角度如图 3-22 所示。

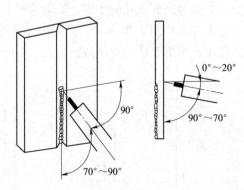

图 3-22　向上立焊时焊枪角度

3）向上立焊时的摆动方式如图 3-23 所示，当要求较小的焊缝宽度时，一般采用如图 3-23a 所示的小幅度摆动，此时热量比较集中，焊道容易凸起，因此在焊接时，摆动频率和焊接速度要适当加快，严格控制熔池温度和熔池大小，保证熔池与坡口两侧充分熔合。如果需要焊脚尺寸较大时，应采用如图 3-23b 所示的月牙形摆

动方式，在坡口中心移动速度要快，而在坡口两侧稍加停留，以防止咬边。要注意焊枪摆动要采用上凸的月牙形，不要采用如图3-23c所示的下凹月牙形，因为下凹月牙形的摆动方式容易引起熔化金属下淌和咬边，焊缝表面下坠，成形不好。

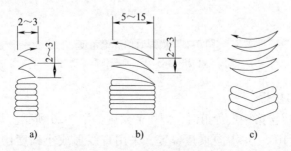

图 3-23　向上立焊时的摆动方式

a）小幅度锯齿形摆动　b）上凸月牙形摆动　c）不正确的月牙形摆动

3.3.10　CO$_2$气体保护焊横焊操作要点

对于较薄的工件（厚度不大于3.2mm），焊接时一般进行单层单道横焊。较厚的工件（厚度大于3.2mm），焊接时采用多层焊。横向对接焊的焊接参数见表3-11。

表 3-11　横向对接焊的焊接参数

工件厚度/mm	装配间隙/mm	焊丝直径/mm	焊接电流/A	电弧电压/V
<3.2	0	1.0　1.2	100~150	18~21
3.2~6.0	1~2	1.0　1.2	100~160	18~22
>6.0	1~2	1.2	110~210	18~24

1. 单层单道横焊

1）单层单道横焊一般都采用左焊法，焊枪角度如图3-24所示。

2）当要求焊缝较宽时，可采用小幅度的摆动方式，如

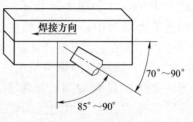

图 3-24　焊枪角度

图 3-25 所示。横焊时摆幅不要过大，否则容易造成熔化金属下淌，多采用较小的焊接参数进行短路过渡。

a)　　　　　　　　　　　　　b)

图 3-25　横焊时的焊枪角度

a）锯齿形摆动　b）小圆弧形摆动

2. 多层焊

1）焊接第一层焊道时，焊枪的角度如图 3-26 所示。焊枪的角度为 0°~10°，并指向顶角位置，采用直线形或小幅度摆动焊接，根据装配间隙调整焊接速度及摆动幅度。

2）焊接第二层焊道的第一条焊道时，焊枪的角度为 0°~10°，如图 3-27 所示，焊枪以第一层焊道的下缘为中心做横向小幅度摆动或直线形运动，保证下坡口处熔合良好。

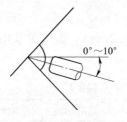
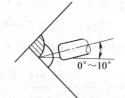

图 3-26　第一层焊接时　　　图 3-27　第二层第一条焊
焊枪的角度　　　　　　道的焊枪角度

3）焊接第二层的第二条焊道时焊枪的角度为 0°~10°，如图 3-28 所示。并以第一层焊道的上缘为中心进行小幅度摆动或直线形移动，保证上坡口熔合良好。

4）第三层以后的焊道与第二层类似，由下往上依次排列焊道，如图 3-29 所示。在多层焊接中，中间填充层的焊道焊接参数可稍大些，而盖面焊时电流应适当减小。

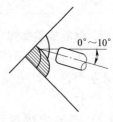

图 3-28　第二层第二条
焊道的焊枪角度

3.3.11　CO$_2$气体保护焊仰焊操作要点

仰焊时，操作者处于一种不自然的位置，很难稳定操作，同时由于焊枪及电缆较重，给操作者增加了操作的难度。仰焊时的熔池处于悬空状态，在重力作用下很容易造成熔化金属下落，主要靠电弧的吹力和熔池的表面张力来维持平衡，如果操作不当，容易产生烧穿、咬边及焊道下垂等缺陷。

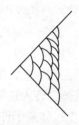

图 3-29　多层焊时的焊道排布

1）仰焊时，为了防止液态金属下坠引起的缺陷，通常采用右焊法，这样可增加电弧对熔池的向上吹力，有效防止焊缝背凹的产生，减小液态金属下坠的倾向。

2）CO$_2$气体保护焊仰焊时焊枪角度如图 3-30 所示。

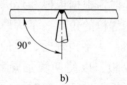

图 3-30　仰焊时的焊枪角度

a）焊枪倾角　b）焊枪夹角

3）为了防止导电嘴和喷嘴间有黏结、阻塞等现象，一般在喷嘴上涂防堵剂。

4）首先在工件左端定位焊缝处引弧，电弧引燃后焊枪作小锯齿形横向摆动向右进行焊接。当把定位焊缝覆盖，电弧到达定位焊缝与坡口根部连接处时，将坡口根部击穿，形成熔孔并产生第一个熔池，即转入正常施焊。

5）确保电弧始终不脱离熔池，利用其向上的吹力阻止熔化金属下淌。

6）焊丝摆动间距要小且均匀，防止向外穿丝。如发生穿丝时，可以将焊丝回拉少许，把穿出的焊丝重新熔化掉再继续施焊。

7）当焊丝用完或者由于送丝机构、焊枪发生故障，需要中断焊接时，焊枪不要马上离开熔池，应稍作停顿，以防止产生缩孔和气孔。

8）接头时，焊丝的顶端应对准缓坡的最高点引弧，然后以锯齿形摆动焊丝，将焊道缓坡覆盖。当电弧到达缓坡最低处时，稍压低电弧，转入正常施焊。

9）如果工件较厚，需开坡口采用多层焊接。多层焊的打底焊时，与单层单道焊类似。填充焊时要掌握好电弧在坡口两侧的停留时间，保证焊道之间、焊道与坡口之间熔合良好。填充焊的最后一层焊缝表面应距离工件表面 1.5～2mm 左右，不要将坡口棱边熔化。盖面焊应根据填充焊道的高度适当调整焊接速度及摆幅，保证焊道表面平滑，两侧不咬边，中间不下坠。

3.3.12 CO$_2$ 气体保护焊 T 形接头焊接操作要点

焊接 T 形接头时，容易产生咬边、未焊透、焊缝下垂等现象。在操作时需根据板厚和焊脚尺寸来控制焊枪的角度。不等厚工件的 T 形接头平角焊时，要使电弧偏向厚板，以使两板加热均匀。在等厚板上进行焊接时，一般焊枪与水平板件的夹角为 40°～50°。当焊脚尺寸不大于 5mm 时，可按 3-31 图所示 A 方式将

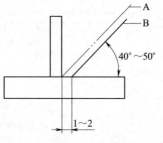

图 3-31　焊接 T 形接头时焊枪位置

焊枪对准夹角处；当焊脚尺寸大于 5mm 时可按图 B 方式，即将焊枪水平右移 1～2mm，焊枪的倾角为 10°～25°。

3.4　CO$_2$ 气体保护焊管件焊接技术

3.4.1　插入式管板焊接操作要点

1. 垂直俯位焊

1）一般采用单层单道左向焊法，焊枪角度如图 3-32 所示。

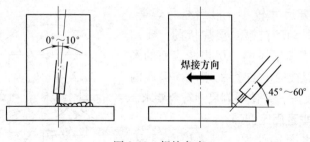

图 3-32　焊枪角度

2）在定位焊点的对面引弧，从右向左沿管子外圆焊接，焊至距定位焊缝约 20mm 左右处收弧，磨去定位焊缝，将焊缝始端及收弧处打磨成斜面。

3）将试件转 180°，在收弧处引弧，完成余下焊缝。焊接时，电弧应偏向板材，同时焊丝应水平平移。

4）在施焊过程中，采用斜圆圈形摆动。

5）在施焊过程中，应随焊枪的移动调整人身体的姿势，以便清楚地观察熔池。

2. 水平固定全位置焊

水平固定全位置焊接难度较大，要求对平焊、立焊和仰焊的操作都要熟练。

1）水平固定全位置焊接时焊枪角度如图 3-33 所示。

2）焊接方向一般是先从 7 点位置逆时针方向焊至 12 点位置，再从 7 点位置顺时针方向焊至 12 点位置，如图 3-34 所示。

3）焊到一定位置时如果感到身体位置不合适时，可灭弧保持焊枪位置不变，快速改变身体位置，引弧后继续焊接。

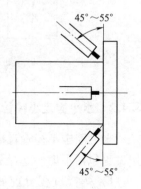

图 3-33　焊枪角度

4）在焊接过程中，焊至定位焊处时应将原焊点充分熔化，保证焊透。接头处要保证表面平整，填满弧坑，保证焊缝两侧熔合良好，焊缝尺寸达到要求。

5）如果采用两层两道焊接，在焊第一层时焊接速度要快些，以使焊脚尺寸较小，根部充分焊透，焊枪不摆动。在第二层焊接前，要用钢丝刷清理干净第一层焊缝表面的氧化物，焊接时允许焊枪摆动，保证两侧熔合良好，并使焊脚尺寸符合要求。

3. 垂直固定仰焊

垂直固定仰焊一般采用右焊法，焊枪角度如图 3-35 所示。

打底焊时，电弧对准管板根部，保证根部熔透。不断调整身体位置及焊枪角度，尽量减少焊缝接头，焊接

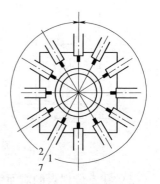

图 3-34　焊接顺序
1—第一起焊点　2—第二起焊点

速度可快些。盖面焊时，焊枪适当做横向摆动，保证两侧熔合良好。

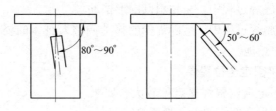

图 3-35　仰焊时的焊枪角度

3.4.2　水平固定小径管对接焊操作要点

水平固定小径管对接焊接时管子固定，轴线处于水平位置，焊接过程包括平焊、立焊及仰焊，属于全位置焊接。

1）焊接过程分前后两半周完成，焊枪的角度变化如图 3-36 所示。

2）焊前半周时，由 6 点到 7 点钟位置处引弧开始焊接，至 12 点钟位置处停止，焊接时保证背面成形。

3）焊接过程中不断调整焊枪角度，严格控制熔池及熔孔的大小。

4）改变身体位置时如果发生灭弧现象，要注意断弧时不必填

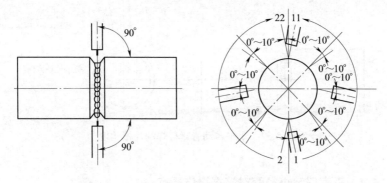

图 3-36　水平固定小径管对接焊时的焊枪角度

1—第一起焊点　11—第一停焊点　2—第二起焊点　22—第二停焊点

满弧坑，灭弧后焊枪不能立即拿开，等送气结束、熔池凝固后方可移开焊枪。

5）接头时为了保证接头质量，可将接头处打磨成斜坡形。

6）后半周焊接时与前半周类似，处理好始焊端与封闭焊缝的接头。

7）如果需要加盖面焊，则焊枪要稍加横向摆动，保证熔池与坡口两侧熔合良好，焊缝表面平整光滑。

3.4.3　水平转动小径管对接焊操作要点

水平转动小径管对接焊时由于管子可以转动，整个焊缝都在平焊位置，比较容易焊接。

1）用左手转动管件，右手拿焊枪，焊接时左右手动作协调进行。

2）由 11 点位置处开始焊接，当焊至 1 点钟位置时灭弧，快速将管子转动一个角度后再开始焊接，如图 3-37 所示。

3）焊接时要使熔池保持在平焊位置，保证焊缝背面成形。

4）如果采用多层焊，盖面焊时焊枪适当做横向摆动，保证坡口两侧熔合良好。

5）其他操作要点与平焊相同。

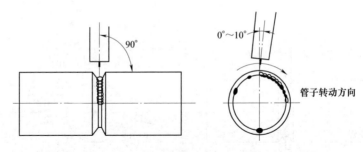

图 3-37　水平转动管对接焊的焊枪角度

3.4.4　垂直固定小径管对接焊操作要点

垂直固定的小径管对接焊，焊缝在横焊位置，操作要点与平板对接横焊相同，只是在焊接时要不断转动手腕来保证焊枪的角度，如图 3-38 所示。

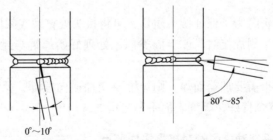

图 3-38　垂直固定小径管的焊枪角度

一般情况下采用左焊法，首先在右侧的定位焊缝处引燃电弧，焊枪做小幅度横向摆动，当定位焊缝左侧形成熔孔后，开始进入正常焊接过程中，尽量保持熔孔直径不变，从右向左依次焊接，同时不断改变身体位置和转动手腕来保证合适的焊枪角度。

如果采用多层焊接，最后盖面焊时，焊枪沿上下坡口做锯齿形摆动，并在坡口两侧适当停留，保证焊缝两侧熔合良好。

3.4.5　水平固定大直径管对接焊操作要点

所谓大直径管，是指直径超过 ϕ79mm 的管子，其焊接时有如下特点：

1）水平固定大直径管对接焊一般采用多层多道焊，包括打底焊、填充焊、盖面焊。

2）时钟6点位置处不要有定位焊缝，且间隙最小。

3）在时钟6点位置之前8~10mm的 A 点处引弧起焊，如图3-39所示，引弧后进行仰焊操作。当电弧引燃后，不要停在原处，要使焊枪沿坡口两侧作小幅度横向摆动，使电弧在离底边约3~4mm处燃烧，当起焊处坡口底部出现熔孔，说明已经焊透，即应转入正常焊接。

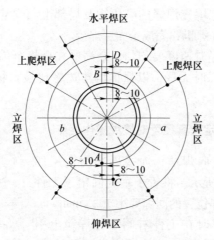

图 3-39　打底焊时引弧的焊丝位置

a—前半圈焊接　b—后半圈焊接

4）正常焊接后沿 a 逆时针方向从仰焊转到立焊，又由立焊转入上爬焊，最后从上爬焊到水平焊，焊至 B 点收弧，这样完成前半圈焊接。

5）打磨 A、B 处焊缝成斜面，以利于后半圈焊接时起弧与收弧的首尾焊道圆滑连接，保证充分焊透。

6）在 C 点处再次引弧，沿 b 向进行后半圈焊接直至 D 点位置，这样打底焊一圈全部完成。

7）清除打底焊道上的氧化物层及焊瘤，调整好填充层的焊接参数，进行填充焊。

8）在时钟 6 点前 8~10mm 处引弧，沿逆时针方向先焊前半圈，焊枪作锯齿形往复摆动，摆动幅度应稍大些，并在坡口两侧适当停留，以保证熔合良好，焊道表面下凹，并应低于母材表面 2~3mm，不允许熔化坡口两侧棱边。

9）前半圈焊完后，打磨起焊处和收弧处成斜面，并清除引弧和收弧端 15~20mm 范围内焊缝上的氧化物，以同样的步骤和方法沿顺时针方向完成后半圈填充焊缝，焊接时要保证焊道始端和末端接头良好。

10）清理好填充焊缝的氧化物及局部上凸焊缝，并按盖面层焊接参数调整好焊机，完成盖面层焊接。

11）盖面焊时速度要均匀，余高要在合格范围内。焊枪摆动幅度可比填充焊时大些，以保证熔池边缘比坡口棱边宽出 1.0~2.5mm。

3.4.6 垂直固定大直径管对接焊操作要点

1）采用左向焊法，焊接层次为三层四道，如图 3-40 所示。将管子垂直固定于工件固定架上，起焊位置的间隙要小于 2.5mm。

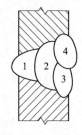

图 3-40 焊接层次

2）打底焊时在工件右侧定位焊缝上引弧，自右向左开始作小幅度锯齿形横向摆动，待左侧形成熔孔后，转入正常焊接。

3）打底焊时的焊枪角度如图 3-41 所示。

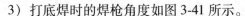

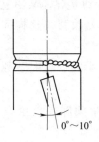

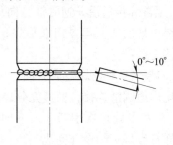

图 3-41 打底焊时焊枪角度

4）打底焊接过程中，应保证熔孔直径比间隙大1~2mm，即熔孔深入坡口两侧各0.5~1mm，如图3-42所示，且两边对称，保证焊根背面熔合良好。

5）为便于施焊，灭弧后允许管子转动位置，此时可不必填满弧坑，但不能移开焊枪，需利用CO₂气体来保护熔池到完全凝固，并在灭弧处引弧焊接，直到焊完打底焊道。

6）除净焊渣、飞溅后，修磨接头局部凸起处。

7）自右向左进行填充焊接，起焊位置应与打底焊道接头错开。适当加大焊枪的横向摆动幅度，保证坡口两侧熔合良好。

8）填充焊时不要熔化坡口棱边，并使填充层焊道表面低于母材1.5~2mm。

9）除净焊渣、飞溅，并修磨填充焊道的局部凸起处，进行盖面焊。

10）为保证焊缝余高对称，盖面层焊道分两道，焊枪角度如图3-43所示，焊接过程中，应保证焊缝两侧熔合良好，熔池边缘需超过坡口棱边0.5~2mm。

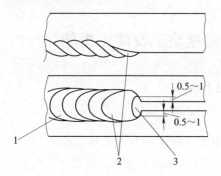

图3-42 熔孔位置及大小
1—焊缝 2—熔池 3—熔孔

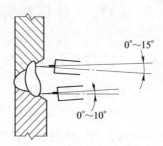

图3-43 盖面焊焊枪角度

3.4.7 CO₂气体保护电弧点焊操作要点

CO₂电弧点焊是把两块或两块以上的钢板重叠在一起，从单面利用电弧进行点焊的方法。它不需要特殊的焊接设备，只是在普通

CO_2 焊接设备上附加一套控制系统，使保护气体、电源电压、送丝速度及电弧燃烧时间按照一定的顺序动作完成电弧点焊。CO_2 电弧点焊对工件表面的油、锈等脏物比较敏感，焊接前应仔细清除，同时要将上下两板压紧，防止未熔合，一般要使用较大的焊接电流。CO_2 电弧点焊的典型焊接规范见表 3-12。

表 3-12 CO_2 电弧点焊的典型焊接规范

上板厚度/mm	下板厚度/mm	焊接电流/A	电弧电压/V	燃弧时间/s
1.2	2.3	320	31	0.6
1.2	3.2	350	32	0.7
1.2	6	390	33	1.1
1.6	2.3	340	32	0.6
1.6	3.2	370	33	0.7
1.6	6	460	35	0.7
3.2	3.2	400	32	1.0
3.2	4.5	400	33	1.5
3.2	6	480	35	2.0

3.5 CO_2 气体保护焊常见缺陷及防止措施

3.5.1 气孔的产生原因及防止措施

1. 产生气孔的原因

1) 由于在金属熔池中，溶进了较多的有害气体，加上 CO_2 气流的冷却作用，熔池凝固较快，气体来不及逸出，容易产生气孔。

2) 当 CO_2 气体中水分含量过多时，会产生气孔。

3) CO_2 气体流量过大或过小都会破坏焊接时的保护气氛，如气阀、流量计、减压阀调整不当；气路有泄漏或堵塞现象。

4) 焊接参数选择不合理或操作不正确，如焊丝伸出过长，焊接速度太快，电弧电压过高，收弧太快等均会产生气孔。

5) 喷嘴形状或直径选择不当、喷嘴距工件太远、导气管或喷嘴堵塞。

6）周围空气对流太大。

7）被焊工件和焊丝中含有油污、铁锈等时，容易产生气孔。

8）CO_2气体在电弧高温下具有氧化性，因而要求焊丝含有较高含量的脱氧元素，当这些元素含量过低时，容易生成气孔。

2. 防止产生气孔的措施

1）采用纯度较高的CO_2气体。

2）经常清除CO_2气体中的水分。

3）选择合适的气流量。

4）选择合适的喷嘴形状及直径。

5）不在风速过大的地方施焊。

6）焊前认真清理工件表面。

7）选用含有较高脱氧元素的焊丝。

8）选择正确的焊接参数。

3.5.2　飞溅的产生原因及防止措施

1. 产生飞溅的原因

1）当采用正极性焊接时，机械冲击力大，容易产生大颗粒飞溅。

2）当熔滴短路过渡时，短路电流增长速度过快或过慢，均会引起飞溅。

3）当焊接电流、电弧电压等焊接参数选择不当时会引起飞溅。

4）送丝速度不均匀，也会引起飞溅。

5）焊丝与工件表面附有脏物会引起飞溅。

6）导电嘴磨损过大，也会引起飞溅。

2. 防止产生飞溅的措施

1）选用含锰、硅脱氧元素多，含碳量低的焊丝，可减少CO气体的生成，从而减小飞溅。

2）焊前认真清理工件表面。

3）焊接时采用直流反接，可使飞溅明显减小。

4）通过调节焊接回路中的电感值，可使熔滴过渡过程稳定，从而减轻飞溅。

5）合理地选择焊接参数，特别应使电弧电压与焊接电流之间具有最佳的配合，可有效地减小飞溅。

6）送丝速度要均匀。

3.5.3 裂纹的产生原因及防止措施

1. 产生裂纹的原因

1）焊缝区有油污、漆迹、垢皮、铁锈等，容易产生裂纹。

2）当工件上焊缝过多，分布又不合理时，会由于小的热应力的积累而产生裂纹。

3）工件或焊丝的硫、磷含量过高而硅、锰含量低时，容易产生裂纹。

4）工件的含碳量较高时，由于冷却较快，容易产生淬火组织而导致裂纹。

5）熔深大而熔宽窄时，容易产生结晶裂纹。

6）当焊接速度快时，熔化金属冷却速度快，容易产生裂纹。

2. 防止产生裂纹的措施

1）工件尽量选用含碳量低的材料。

2）采用硅、锰含量高的焊丝。

3）合理分布焊缝，避免热应力的产生。

4）选择合理的焊接参数，用较小的焊接速度，保证良好的焊缝成形。

3.5.4 未焊透及未熔合的产生原因及防止措施

1. 产生未焊透及未熔合的原因

1）焊接参数选择不当，如电弧电压太低，焊接电流太小，短路过渡时电感量太小，送丝速度不均匀，焊接速度太快等，均会产生未焊透或未熔合。

2）操作或焊接操作不当，如焊接时摆动过大，工件坡口开得太窄，坡口角度小，装配间隙小，散热太快等都会出现未焊透和未熔合。

2. 防止产生未焊透及未熔合的措施

1）开坡口接头的坡口角度及间隙要合适。

2）保证合适的焊丝伸出长度，使坡口根部能够完全熔合。

3）在两侧的坡口面上要有足够的停留时间。

4）保持正确的焊枪角度。

3.5.5 烧穿的产生原因及防止措施

1. 产生烧穿的原因

1）对工件过分加热。

2）焊接参数选择不当。

3）操作方法不正确。

2. 防止产生烧穿的措施

1）注意焊接参数的选择，如减小电弧电压与焊接电流，适当提高焊接速度，采用短弧焊等。

2）合理进行操作，如运条时，焊丝可作适当的直线往复运动以增加熔池的冷却作用。

3）对于长的焊缝可采用分段焊，以避免热量集中。

4）采用加铜垫板的方法增强散热效果。

5）采用较小的装配间隙和坡口尺寸。

3.6 CO₂气体保护焊工艺控制

3.6.1 焊接参数选取原则

1. 直流电源

直流电源应根据焊丝直径选择，见表 3-13。

表 3-13 直流电源的选择

焊丝直径 ϕ/mm	直流电源选择
≤1.6	可选用平的、缓升的或缓降的（每变化 100A 电流，电压下降不应超过 5V）外特性
≥2.0	选用陡降外特性的电源和用电弧电压反馈控制送丝速度的送丝机构为宜

2. 焊丝直径

焊丝直径应根据工件厚度、施焊位置和生产效率的要求来选择。焊接薄板或中厚板，且在横焊、立焊、仰焊时，通常采用直径在 1.2 mm 以下的焊丝；在平焊位置焊接中厚板时，可采用直径 1.6mm 以上的焊丝。见表 3-14。

表 3-14　焊丝直径的选择

焊丝直径/mm	工件厚度/mm	焊接位置	熔滴过渡形式
0.8	1~3	各种位置	短路过渡
1.0	1.5~6	各种位置	短路过渡
1.2	2~12	各种位置、平焊、角焊	短路或大滴过渡
1.6	6~25	各种位置、平焊、角焊	短路或大滴过渡
≥2.0	>12	平焊、角焊	大滴过渡

3. 半自动 CO_2 气体保护焊的送丝方式（表 3-15）

表 3-15　半自动 CO_2 气体保护焊的送丝方式

送丝方式	焊丝直径/mm	工作地点与送丝机构的最大距离/m	焊枪重
拉丝式	0.5~1.0	——	较重
推丝式	0.6~2.0	2~4	轻
推拉式	0.6~2.0	≈20	较轻

4. 焊枪冷却方式（表 3-16）

表 3-16　焊枪冷却方式

冷却方式	适用范围
气冷	适用于焊接电压<250V
水冷	用于粗丝、大电流

5. 电流、电压参数

焊接电流的大小主要取决于送丝速度，送丝速度越快，焊接电流越大。焊接电流的大小对熔深有很大影响，不同直径的焊丝都有一个合适的电流区间。

电弧电压是焊接过程中关键的一个参数,其大小决定了熔滴的过渡形式,它对焊缝成形、飞溅、焊缝的力学性能都有很大的影响。

常用焊接电流和电弧电压范围见表 3-17。

表 3-17 常用焊接电流和电弧电压范围

焊丝直径/mm	短路过渡		颗粒过渡	
	焊接电流/A	电弧电压/V	焊接电流/A	电弧电压/V
0.5	30~60	16~18	—	—
0.6	30~70	17~19	—	—
0.8	50~100	18~21	—	—
1.0	70~120	18~22	—	—
1.2	90~150	19~23	160~400	25~38
1.6	140~200	20~24	200~500	26~40
2.0	—	—	200~600	27~40
2.5	—	—	300~700	28~40
3.0	—	—	500~800	32~42

6. 焊接速度

在一定的焊丝直径、焊接电流和电弧电压条件下,熔宽和熔深都随着焊接速度的增加而减小。如果焊接速度过快,则容易产生咬边和未熔合等现象,同时气体保护效果变坏,容易出现气孔;如果焊接速度过慢,则生产效率下降,焊接变形变大。

7. 焊丝伸出长度

通常焊丝伸出长度取决于焊丝直径,一般约为焊丝直径的 10 倍比较合适。

8. 气体流量的选择 (表 3-18)

表 3-18 CO₂ 气体流量的选择

焊接方法	细丝焊	粗丝焊	粗丝大电流焊
气体流量/(L/min)	5~15	15~25	25~50

9. 回路电感值

当 CO_2 气体保护焊以短路过渡时，回路中的电感值是影响焊接过程稳定性以及焊缝熔深的主要因素。如在焊接回路中串联合适的电感，不仅可以调节短路电流的增长速度，使飞溅减少，而且还可以调节短路频率，调节燃弧时间，控制电弧热量。若电感值太大时，短路过渡慢，短路次数减少，就会引起大颗粒的金属飞溅或焊丝成段炸断，造成熄弧或引弧困难；若电感值太小时，因短路电流增长速度太快，会造成很细的颗粒飞溅，使焊缝边缘不齐。

10. 常用 CO_2 气体保护焊的焊接参数（表 3-19）

表 3-19　常用 CO_2 气体保护焊的焊接参数

焊件厚度 /mm	坡口形式	焊丝直径 /mm	焊接电流 /A	电弧电压 /V	气体流量 /(L/min)
≤1.2		0.6	30~50	18~19	6~7
1.5		0.7	60~80	19~20	6~7
2.0~2.5		0.8	80~100	20~21	7~8
3.0~4.0		1.0	90~120	20~22	8~10
≤1.2		0.6	35~55	18~20	6~7
1.5		0.7	65~85	18~20	8~10
2.0		0.9	80~100	19~20	10~11
2.5		1.0	90~110	19~21	10~11
3.0		1.0	95~115	20~22	11~13
4.0		1.2	100~120	21~23	13~15

3.6.2　半自动 CO_2 气体保护焊操作技术

半自动 CO_2 气体保护焊操作技术见表 3-20。

表 3-20　半自动 CO_2 气体保护焊操作技术

引弧	（1）在起弧处提前送气 2~3s，排除待焊处的空气 （2）焊丝伸出长度为 6~8mm （3）引弧位置应设在距焊道端口 5~10mm 处，电弧引燃后缓慢返回端头 （4）熔合良好后，以正常速度施焊
焊枪的运走方式	（1）焊枪与焊件的夹角一般不小于 75° （2）喷嘴末端与焊件的距离以 10mm 左右为宜 （3）焊枪以直线运走或直线往复运走为好 （4）尽量采用短弧焊接，并使焊丝伸出长度的变化最小 （5）焊件较厚时，可稍做横向摆动
收弧	（1）焊接结束时要填满弧坑 （2）焊接熔池尚未凝固冷却之前要继续通气保护熔池

3.6.3　不同位置焊接操作技术

不同位置焊接操作技术见表 3-21。

表 3-21　不同位置焊接操作技术

焊接位置	类型	操 作 要 点
平焊	平对接焊缝	（1）一般采用左向焊，焊枪与焊件间的夹角为 75°~80°。左向焊容易看清坡口，焊缝成形较好 （2）夹角不能过小，否则保护效果不好，易产生气孔 （3）焊接厚板时，为得到一定的焊缝宽度，焊枪可做适当的横向摆动，但焊丝不应插入对缝的间隙内
	T 形接头横角焊缝	（1）若采用长弧焊，焊枪与垂直板呈 35°~50°（一般为 45°）的角度；焊丝轴线对准水平板处距角缝顶端 1~2mm （2）若采用短弧焊，可直接将焊枪对准两板交点，焊枪与垂直板角度约为 45°
立焊	T 形接头立角焊缝	（1）当用细焊丝短路过渡焊接时，应自上向下焊接，焊枪上部略向下倾斜；气体流量比平焊稍大；熔深大，焊缝窄，余高较大，成形差 （2）当使用 $\phi 1.6mm$ 焊丝、颗粒过渡（长弧焊）方式进行焊接时，仍和手工电弧焊相似，采用自上而下焊接，电流取下限值，以防熔化金属下淌

（续）

焊接位置	类型	操作要点
横焊	横对接焊缝	（1）横焊时选用的焊接工艺参数与立焊时相同 （2）焊枪可做小幅度的前后直线往复摆动，以防温度过高，熔化金属下淌
仰焊	T形接头仰角焊缝	（1）应适当减小焊接电流，焊枪可做小幅度直线往复摆动，防止熔化金属下淌 （2）气体流量应稍大些

3.6.4 CO_2 气体保护自动焊焊接参数

CO_2 气体保护自动焊焊接参数见表 3-22。

表 3-22 CO_2 气体保护自动焊焊接参数

材料厚度/mm	接头形式	装配间隙 C /mm	焊丝直径/mm	电弧电压/V	焊接电流/A	焊接速度/(m/h)	气体流量/(L/min)	备注
1.0		<0.3	0.8	18~18.5	35~40	25	7	单面焊双面成形
1.0		≤0.5	0.8	20~21	60~65	30	7	垫板厚1.5mm
1.5		≤0.5	0.8	19.5~20.5	65~70	30	7	单面焊双面成形
1.5		≤0.3	0.8	19~20	55~60	31	7	双面焊
1.5		≤0.8	1.0	22~23	110~120	27	9	垫板厚2mm
2.0		≤0.5	0.8	20~21	75~85	25	7	单面焊双面成形（反面放铜垫）
2.0		≤0.5	0.8	19.5~20.5	65~70	30	7	双面焊

（续）

材料厚度/mm	接头形式	装配间隙 C/mm	焊丝直径/mm	电弧电压/V	焊接电流/A	焊接速度/(m/h)	气体流量/(L/min)	备注
2.0		≤0.8	1.2	22~24	130~150	27	9	垫板厚2mm
3.0		≤0.8	1.0~1.2	20.5~22	100~110	25	9	双面焊
4.0		≤0.8	1.2	22~24	110~140	30	9	
8.0		<2	4	30~40	900~1100	80~150	25	单面焊双面成形
10.0		0.5~2	4	34~36	850~950	60	25	

3.7　药芯焊丝 CO_2 气体保护焊

药芯焊丝 CO_2 气体保护焊是属于气-渣联合保护的一种焊接方法，它既克服了 CO_2 气体保护焊的焊接过程中飞溅大和易产生气孔等缺点，又兼备了焊条电弧焊的一些优点。药芯焊丝 CO_2 气体保护焊有以下特点：

1）熔池表面覆盖有熔渣，焊缝成形美观且飞溅少。

2）在焊接角焊缝时，药芯焊丝 CO_2 气体保护焊的熔深可比焊条电弧焊的大50%左右。因而在同样接头强度下，可以减小焊脚尺寸，这样既节省了填充金属，又可提高焊接速度。

3）调节药粉的成分，就可以焊接不同的钢种。

4）抗气孔的能力比其他 CO_2 气体保护焊强。

不同保护气体对药芯焊丝焊缝成分的影响、对药芯焊丝焊缝力学性能的影响分别见表3-23、表3-24，药芯焊丝 CO_2 气体保护焊时不同焊接参数对焊缝成形的影响见表3-25。

表 3-23 不同保护气体对药芯焊丝焊缝成分的影响

保护气体	焊缝成分（质量分数,%）		
	C	Si	Mn
100%CO_2	0.041	0.31	1.16
50%CO_2+50%Ar	0.042	0.39	1.24
25%CO_2+75%Ar	0.055	0.44	1.29
5%CO_2+95%Ar	0.059	0.44	1.29

表 3-24 不同保护气体对药芯焊丝焊缝力学性能的影响

保护气体	力学性能			
	R_m/MPa	R_{eL}/MPa	V 形缺口冲击吸收功/J	
			0℃	-40℃
100%CO_2	576	466	106	41
50%CO_2+50%Ar	579	510	111	49
25%CO_2+75%Ar	598	540	128	85
5%CO_2+95%Ar	614	550	125	93

表 3-25 药芯焊丝 CO_2 气体保护焊时不同焊接参数对焊缝成形的影响

焊接参数	影 响 情 况
电弧电压	升高：焊缝宽度增大，焊缝较平坦 过高：造成严重飞溅、气孔和咬边 降低：会形成凸形焊道 过低：发生焊丝与焊件粘连
焊接电流	过大：会形成凸形焊道 过小：熔滴成大熔滴过渡，焊缝成形不均匀
焊接速度	过高：会形成凸形焊缝并且边缘不整齐，焊缝熔深浅 过低：焊缝成形粗糙不平，且容易产生夹渣等缺陷
焊丝伸出长度	过大：电弧不稳，飞溅严重缩短，焊缝熔深增加 过小：焊接飞溅堵塞保护气体喷嘴及导电嘴

（续）

焊接参数	影 响 情 况
焊丝送给速度	在一定范围内，往往以调节焊丝送给速度来达到改变焊接电流的目的 增大：焊接电流相应增大 减小：焊接电流也减小 过大：电弧短路频率增加，电弧燃烧时间缩短，电弧电压下降，焊丝易折断 过小：电弧短路频率减小，电弧燃烧时间增长，焊丝熔化速度大于焊丝送给速度，焊丝容易反烧，粘在导电嘴上
焊丝直径	增大：短路频率、熔滴下落速度相应减小 减小：短路频率、熔滴下落速度相应增大
气体流量	流量大：对熔池吹力增大，形成气体紊流，破坏气体保护作用 流量小：气体层流挺度不够，对熔池保护作用减弱
空载电压	过大：使电弧电压、焊接电流及短路电流增长速度相应增大，焊缝宽而平，熔深加大，飞溅也大，易产生焊穿和气孔等缺陷 过小：使电弧电压、焊接电流及短路电流增长速度相应减小，焊缝余高大，而熔深较浅，焊接过程中电弧易断弧，焊缝成形不良
电感值	过大：焊缝熔透深度相应增加，会产生大颗粒金属飞溅及熄弧现象，并使重新引弧发生困难，容易发生焊丝成段爆断现象 过小：焊缝熔透深度相应减小，会产生很细小的颗粒飞溅，焊缝边缘不齐，成形不良 　一般当焊丝直径为 0.6~1.2mm 时，电感值 $L=0.05~0.4$mH；当焊丝直径为 1.2~1.6mm 时，电感值 $L=0.3~0.7$mH
导电嘴孔径	在焊接过程中，焊丝及导电嘴接触不良，焊接电弧不稳定，造成焊缝成形不良 过小：焊丝送丝阻力过大，容易发生焊丝卷曲或打结，给焊工增加麻烦 过大：出丝不稳 细焊丝导电嘴与焊丝间隙：0.1~0.25mm 粗焊丝导电嘴与焊丝间隙：0.2~0.4mm
电源极性	直流反接：焊接过程稳定，焊缝熔透深度比正接时要大，飞溅小，目前熔化极气体保护焊普遍采用直流反接 直流正接：焊缝熔深较浅，焊缝余高较大，焊接生产率高

第4章
特殊气体保护焊

4.1 氮弧焊

氮在铬镍奥氏体钢中与在一般的碳钢和低合金钢中不同，不仅无害，而且是一种有益的合金元素。因此氮弧焊时氮气不仅能起保护气体的作用，机械地将空气挤出焊接区，防止了液体金属的氧化，而且还能起合金化元素的作用，在一定程度上对焊缝金属的组织和性能起到有利的影响。

氮弧焊一般用来焊接不锈钢板材或管材，与氩弧焊和二氧化碳气体保护焊相比，其焊缝力学性能和抗腐蚀性能介于两者之间，即略低于氩弧焊但大大高于二氧化碳气体保护焊。但氮弧焊的熔化系数和熔敷系数比氩弧焊和二氧化碳气体保护焊都高，电弧挺度好，由于弧柱内电压梯度大，弧长较短，减少了弧柱内热量的辐射和对流的损失，能量更集中，熔深大，焊缝窄，变形小，是一种高生产率的焊接方法。

钨极氮弧焊由于其高热特性，在焊接厚壁纯铜时有一定的应用。氮弧焊有其独特的性质，是一种有发展潜力和应用前景的热源。

另外，氮气来源方便，价格低廉，对一些耐蚀性不太高和受力不大的不锈钢工件可采用氮弧焊进行焊接，在提高生产效率的同时，又有效地降低了生产成本。

氮弧的弧柱电压梯度较大，热量高，但氮对电极区压降的影响很小，电弧在氮气中燃烧很稳定，研究表明保持电弧燃烧的最小电压为22伏。熔化极氮弧焊时，金属的过渡形式与二氧化碳气体保护焊过程相似，属于细熔滴短路过渡。随着电流的增大和电弧电压降低，熔滴尺寸减小，而短路频率相应增快，这种变化对弧柱内进行的冶金过程有很大影响。

与氩气保护的电弧相比较，氮气保护的 TIG 焊接电弧径向尺寸较小，电弧收缩使得电弧温度较高，这符合氮气电弧的高热特性特征。由于氮气在电弧中的解离吸热使得电弧收缩而使电场强度、能束密度及熔值增加，可使氮气保护的 TIG 焊接电弧的最高温区出现在近阳极区，而不像氩气保护电弧那样出现在近阴极区，氮气电弧的这一特点对增加阳极热输入非常有利。

1. 氮在奥氏体钢中的存在

氮在液态和固态的奥氏体钢中都能很好地溶解，但是在焊接铬镍奥氏体不锈钢时，氮不会在熔池结晶凝固时析出形成气孔。氮在电弧高温作用下发生离解而处于活泼的原子状态，与熔滴和熔池中的液态金属相互作用生成氮化物进入焊缝，氮气除起到保护熔池的作用外，它还能促进奥氏体化，这是其他保护气体所不及的。

氮弧焊时，氮原子首先吸附在金属表面，然后与金属形成氮化物，并以氮化物溶入，发生如下反应：

$$[Me] + N \rightarrow MeN \rightarrow [MeN]$$

所以当金属内含有形成稳定氮化物的合金元素 Cr、Ti、V 时，氮在金属内的溶解度就显著地提高。

氮气纯度和保护条件对焊缝内含氮量有显著的影响，增加焊接区域内的含氧量能引起焊缝中含氮量的提高。当其他条件相同时，氮弧焊焊缝中含氮量为 0.162%（质量分数），而空气内焊接的焊缝的含氮量高达 0.286%（质量分数）。这是因为在熔池表面弧柱以外的区域内，由于温度较低很少存在氮原子，因此在该区域内氮不能以上式的方式溶入金属。但如果有氧存在时会在该区域内形成 NO，吸附于熔池表面，它可以被金属中的合金元素还原成 N，并形成氮化物溶于熔池：

$$NO + [Me] \rightarrow [MeO] + N$$
$$N + [Me] \rightarrow MeN \rightarrow [MeN]$$

因此在氮气不纯或保护不良时都能引起焊缝内含氮量的升高。

提高氮气纯度、采用低电压大电流的焊接规范以加速金属的过渡速度都有利于降低焊缝中的含氮量。

2. 氮对焊缝金属的综合性能的影响

氮是一种促进奥氏体化的元素，它能使焊缝中的铁素体减少，造成焊缝的抗热裂能力和抗晶间腐蚀能力稍有降低，但影响不大。氮能提高焊缝的强度极限、屈服强度，使其具有良好的塑性和冲击韧度，这是由于氮对金属结晶温度区间的影响以及在金属结晶时析出第二相高熔点氮化物的结果。另外，由于氮能稳定奥氏体并使扩散过程变慢，因此，对提高焊缝的抗时效性能有很好的作用。

3. 氮弧焊操作技巧

氮弧焊的操作方法基本上与二氧化碳气体保护焊相同，但由于其电弧较暗，在对接焊时，用右焊法难以看清焊道，故一般多采用左焊法，又由于焊接速度较高，焊炬应直线运动，不应横向摆动。另外焊接时，尽量使焊炬喷嘴与工件间的距离保持不变。

4.2 氩氦混合气体 TIG 焊

氩氦混合气体的电弧具有氩和氦的合成性能，有高稳定电弧与高热功率的配合、净化作用，且有利于减少气孔，具有较高的电弧温度，工件可以获得较多的热量，熔深大，焊接速度几乎为氩弧焊的两倍。适合焊接铝及铝合金、镁及镁合金、铜及铜合金、钛及钛合金等金属和金属基（一般为铝、镁、钛）复合材料。

氩气密度比空气大，而比热容和热导率比空气小，这些特性使氩气具有良好的保护作用和稳弧作用。和氩气相比，氦气电离电位高，热导率大，在相同的焊接电流和电弧长度条件下，氦弧的电弧电压比氩弧高（即电弧的电场强度高），使电弧有较大的功率。并且氦气冷却效果好，使得电弧能量密度大，弧柱细而集中，焊缝有较大的熔透率。

随着气体配比的变化，电弧形状变化如图 4-1 所示。

图 4-1a 至图 4-1g 分别为氦气体积百分数为 0、10%、30%、50%、70%、90%、100%时焊接镁合金时的照片，照片均为数码相

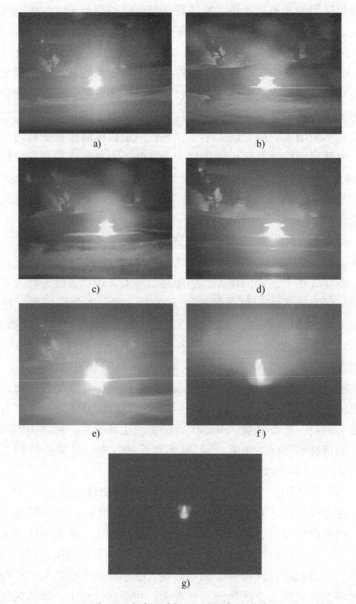

图 4-1 氦气比例对电弧形态的影响

a) 0 b) 10%氦 c) 30%氦 d) 50%氦 e) 70%氦 f) 90%氦 g) 100%氦

机加焊接用滤光镜片所得，相机镜头与电弧的距离不变。由图可以看出，随着氮气在混合气体中比例的增大，电弧逐渐收缩，特别是当为纯氮气时，电弧形态较纯氩气时有明显的改变，电弧收缩严重，弧柱细而集中。电弧颜色由白亮逐渐转变为橙黄，这主要是由于纯氮气的谱线主要位于橙色波长范围内，随着氮气体积流量分数的增大，电弧中氮原子电离、复合的数目逐渐增多，其谱线的相对强度也不断增大，故宏观上电弧颜色逐渐由白亮向橙色变化。

电弧稳定性随氮气比例的增大而降低，当氮气体积百分数超过70%时，引弧困难，电弧不稳定，保护效果差；90%时熔池飞溅严重。当氮气达到90%以上时，引弧极其困难，且焊接过程电弧极不稳定。

图4-2依次为氮气体积百分数为0，10%，30%，50%，70%，90%，100%时镁合金焊缝的熔深照片。由图中可以看出，随着氮气在混合气体中比例的增大，熔深逐渐增大，形状由蘑菇状变成扁平状，但在氮气体积百分数超过50%时，熔深变化较缓慢。这是因为氮弧的功率较氩弧的大，随氮气的增多，电弧能量密度增大，电弧收缩，熔透率增大，导致熔深变深，但由于受到工件厚度和焊接约束的作用，熔深达到6.5mm左右后不再明显变化。

随着氮气比例的增加，熔池飞溅逐渐严重，焊接烟气增加，氮气比例达到90%时，镁合金蒸发严重，焊接烟气很大，操作者有头晕、胸闷、恶心症状，基本上无法实现正常焊接。从焊接的实用性、经济性和环保性出发，氮-氩混合保护气中，可采用体积百分数为30%~50%的氮气进行焊接镁合金。

当采用体积比为1∶1的氮-氩混合气体对镁合金进行TIG焊时，在焊接过程中电弧稳定，阴极清理作用明显，氧化膜易于破碎，熔池搅拌充分，保护气氛良好。和母材相比，热影响区的晶粒较粗大；焊缝区组织为细小的等轴晶粒，具有明显的快速凝固组织特点，其晶粒明显比母材区和热影响区细小。这主要是与TIG焊接热循环过程和镁合金的物理特性有关。在焊接过程中，焊缝区的母材吸收大量的热而熔化，凝固时由于镁合金的导热系数大，散热快，促进了焊缝区金属的快速凝固结晶，从而导致了焊缝区的晶粒

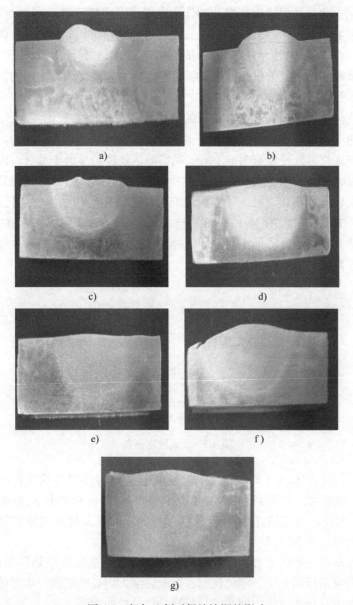

图 4-2 氢气比例对焊缝熔深的影响

a）0 b）10%氢 c）30%氢 d）50%氢 e）70%氢 f）90%氢 g）100%氢

细化；此外，焊接搅拌熔池的作用也促进了焊缝区等轴晶的生长。热影响区晶粒粗大，则是由于镁合金的熔点低（一般在 500～600℃），导热快，焊接时，造成热影响区宽且易于过热，吸收的热量使热影响区的组织发生晶粒长大，从而导致了热影响区的组织晶粒粗大。

焊缝、热影响区、母材区的显微硬度测量结果如图 4-3 所示。由图中可以看出，焊缝区硬度比母材略低，但差别不大。焊缝与热影响区交界处硬度有明显上升，热影响区硬度明显低于母材。由于热影响区晶粒较粗大，根据 Hall-Petch 公式可知，热影响区的显微硬度较低。在焊缝区，一方面组织的显著细化使其显微硬度提高，另一方面和形成的 Mg17Al12 相比，Al 元素主要以固溶态存在时，将使其显微硬度降低。在上述两种因素的综合作用下，使得焊缝区的显微硬度和母材区接近。

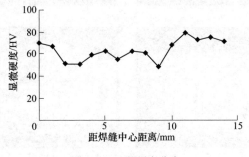

图 4-3　显微硬度分布

当采用体积比为 1：1 的氦-氩混合气体为保护气氛进行钨极 TIG 焊接时，焊缝的抗拉强度达 184MPa，而母材的抗拉强度为 268.5MPa，焊缝的抗拉强度达到母材的 68.6%。接头的断后伸长率为母材的 57.9%，明显低于母材。

从宏观断面上看，焊接接头拉伸试件的断裂发生在热影响区，断口表面粗糙不平，颜色灰暗，但断裂前无明显的缩颈。母材的断裂发生在拉伸试样中间部位且断口与母材成约 45°。

图 4-4a 所示为母材的拉伸断口扫描图像，图 4-4b 所示为工件拉伸断口扫描图像。由图 4-4a 发现母材是属于韧断，断口主要由

塑坑组成，为塑性断裂；而工件的断口是解理和塑坑组成的混合断口，为韧-脆混合断裂。

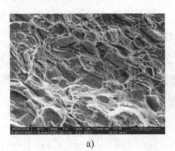 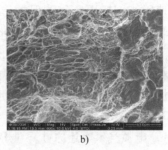

a)　　　　　　　　　　　b)

图 4-4　拉伸断口形貌

a）母材的拉伸断口　b）工件拉伸断口

由于镁合金具有熔点低、热导率高、线胀系数高、表面张力小等特点，其焊接方法要求严格。钨极混合气体 TIG 焊能够实现高品质焊接，得到美观、平滑的优质焊缝。

采用优化的焊接参数进行焊接，电弧稳定，阴极清理作用明显，氧化膜易于破碎，熔池搅拌充分，保护气氛良好，形成的焊缝表面光滑，无堆高，镁板无变形，外形美观，避免了出现晶粒过烧、气孔、裂纹等缺陷。

4.3 富氩混合气体保护焊

4.3.1 富氩混合气体保护焊概述

1. 作用

1）利用混合气体不同的化学性质改善熔池金属的冶金性能和物理性能。

2）提高电弧温度，对改善熔深、消除缺陷、提高生产率有显著作用。

3）在 Ar 气中加入不同的附加气体，可改善弧柱电场强度，在同样的电弧长度及电流下，电位梯度大的电弧，其电弧电压高，因而电弧功率亦大，母材输入热量增多。

2. 适用材料

使用 Ar+H$_2$ 混合气体保护焊，利用其良好的还原性，焊接不锈钢和镍基合金，可以抑制和消除镍焊缝中的 CO 气孔，另外加入 H$_2$ 后，还可以焊接金属银及其合金，除此外目前不用于焊接其他的材料。在焊接高压管道根部焊缝时，利用 H$_2$ 燃烧放出的热量，可增加母材的热能输入，增大熔透率。

3. 特点

1）电弧气氛有还原性，对熔池有净化作用。降低了电弧气氛及熔池中氧的浓度，减少了金属元素形成氧化物的概率，促使金属氧化物发生还原反应，保持熔池的纯净状态，防止在熔池中形成小块熔渣。

2）电弧长度增加和电弧挺度增强。由于不锈钢热容量小，流动性大，故焊接电流较普通碳钢小。随着焊接电流的减小，电弧显得越趋柔软，挺度不够，指向性变差。在氩气中加入氢气可使电弧电压增高，加氢量越多，电压增高越明显，电弧散射角变小，这和氢气通过电弧区时分解吸热反应加强了电弧的收缩效应有关。

3）氩气中加入氢气，氢分子受电弧热分解为原子放热，其扩散吸热速度极大，并极易电离，在同样电场中运动速度大，容易引起弧光放电，使引弧容易。

4）氢分子受热时分解而吸热及其热导率高的特点，不仅可提高电弧有效热功率，而且对电弧有冷却作用，使电弧收缩，能量更集中，电弧的阳极斑点小，焊接热影响区小，能获得良好的焊缝成形，可有效防止产生咬边缺陷，同时有效地抑制产生 CO 气孔。

4. 比例

Ar+H$_2$ 混合气体中 H$_2$ 含量有一定的比例限制。在 TIG 焊接中，氢气的比例不能大于总百分比的 7%（体积分数），超过 7%（体积分数）则焊缝中很容易出现氢气孔。随着氢气含量的增加，钨极的烧损也越来越严重；氢气含量在 2%~3%（体积分数）时，电弧的收缩特性和钨极较小的烧损达到了完美的统一，焊接效果最好。

在添加 H$_2$ 时一定要控制好含量，不然会发生爆炸等危险现象。

4.3.2　氩氯混合气体保护焊

Ar+Cl$_2$ 混合气体保护焊在工业生产中并不常用，一般用来焊接铝合金工件，优点是可免除工件和焊丝的表面清理工序，提高劳动效率。获得的焊缝强度高、韧性大，外观比一般氩弧焊平滑，且无气孔、咬边等缺陷，但操作时有一定的危险性，Cl$_2$ 比例一般为0.08%左右，使用时一定要严格控制加入量。

4.3.3　氩氧混合气体保护焊

1. 分类

熔化极 Ar+O$_2$ 混合气体保护焊的工作形式与二氧化碳气体保护焊基本相同，由于保护气体的改变，使得焊接工艺性、冶金过程都发生了很大的变化。Ar+O$_2$ 混合气体分为两类，第一类混合气体中 O$_2$ 小于5%（体积分数），称为低 O$_2$ 富 Ar 焊接，可用于焊接不锈钢等合金钢及高强度钢；第二类混合气体中 O$_2$ 大于5%（体积分数），称为高 O$_2$ 富 Ar 焊接，可焊接低碳钢及低合金结构钢，一般情况下，O$_2$ 比例不超过15%（体积分数），这类混合气体有较强的氧化性，焊接时应配用含较高 Mn、Si 等脱氧元素的焊丝。

2. 优点

1）降低液态金属的黏度及表面张力，减小气孔、咬边等缺陷产生倾向。

2）明弧可见性好，利于操作。

3）细化金属熔滴，降低射流过渡的临界电流。

4）稳定电弧阴极斑点，克服阴极飘移现象。

5）熔敷系数和熔化系数高，电流密度大，热量集中，焊缝熔深大。

6）焊接飞溅少，焊缝两侧无飞溅颗粒黏结，成形美观。

3. 阴极飘移

氧化物存在的地方，电子逸出功低，电弧的阴极斑点总是占据着氧化物聚集的地方。纯氩保护作用下，氩弧的阴极破碎使其所在的氧化物很快被除去，阴极斑点又向其他有氧化物的地方转移，造成阴极飘移现象。在 Ar 气中加入部分 O_2，使熔池表面连续被氧化，阴极斑点处同时进行着破碎氧化物及形成氧化物的过程，阴极斑点不再转移，阴极飘移现象消失。

4.3.4　氩及二氧化碳混合气体保护焊

$Ar+CO_2$ 混合气体保护焊是一种新型的焊接方法，具有纯 CO_2 和纯 Ar 气体保护焊的共同优点，又消除了两种焊法的主要缺点，主要优点有：

1）电流密度大，热量集中，明弧、易于观察，无渣、在多层焊时可省去清渣工序，焊接变形量小。

2）混合气体和纯 CO_2 气体相比，电弧的电场强度较低，燃弧时电弧的弧根扩展，克服了纯 CO_2 焊引起的弧柱及电弧斑点强烈收缩的缺点，同时熔滴的轴向力增强，电弧对熔滴的排斥作用减弱，使富 $Ar+CO_2$ 焊达到稳定射流过渡的临界电流值比纯 CO_2 焊低得多，因而焊缝成形好，焊接飞溅小，焊缝成形美观。

3）由于电弧气氛比纯 CO_2 焊的氧化性减弱，减少了由于冶金反应生成 CO 气孔的倾向；又由于比纯 Ar 焊接的电弧氧化气氛强，对油锈的敏感性小，也克服了电弧飘移现象，焊后的热影响区狭窄，焊缝金属中含氢量低，焊缝的抗裂性能好。

4）由于具有 CO_2 焊的特点，电弧穿透力强，焊缝熔深大，可减少焊缝层数，由于熔池的搅拌作用也增强了许多，不易形成焊缝组织的区域偏析。

4.3.5　$Ar+O_2+CO_2$ 混合气体保护焊

含有 $Ar+O_2+CO_2$ 组分的混合气因其能采用短路、粗滴、脉冲、喷射及高密度型过渡特性工作，被称为"万能"混合气。一般情况下采用的气体混合比为 $Ar+(5\%\sim10\%)CO_2+(1\%\sim3\%)O_2$（体积分数，不同），该混合气在美国已应用多年，其主要优点在于焊接各种厚度的碳钢、低合金钢、不锈钢，不论是哪种过渡形式都具有多方面适应性，不锈钢焊接在小电流下由于熔池的黏度而仅限于喷射电弧。这种混合气对碳钢和低合金钢可得到良好的焊接性能和力学性能。对于薄板，O_2 组分有助于在小电流（30~60A）下提高电弧稳定性，电弧可以保持很短且可有效控制，有利于避免焊穿和降低焊缝区总热输入而减少变形。

4.3.6 Ar +CO_2+H_2 混合气体保护焊

采用脉冲 MIG 焊接不锈钢时加少量 H_2(1%~2%)，会有效改善焊缝润湿，且电弧稳定。所加 CO_2 也要少（1%~3%），减小渗碳倾向，并保持良好的电弧稳定性。

焊接低合金钢时，如果采用上述混合气体，因焊缝金属含氢量过高，焊缝力学性能不好且会出现裂纹，一般情况下不予采用。

Ar+CO_2+He 混合气体电弧会增加焊缝热输入并改善电弧稳定性，焊道润湿和成形更好，热输入增加，熔池流动性得到改善，又由于氦是惰性气体，不会发生焊缝金属的氧化和合金烧损现象。

较低的 CO_2 又可保证渗碳最少，焊缝的耐蚀性增强。一般情况下混合气体比例为 Ar+(10%~30%)He+(5%~15%)CO_2。

第 5 章

单面焊双面成形技术

5.1 氩弧焊单面焊双面成形操作技术

5.1.1 薄板 V 形坡口平焊位置单面焊双面成形

试件：125mm×300mm 钢板两块，厚度为 6mm，材料为 Q235-A 普通钢，如图 5-1 所示。

按照图 5-1 所示加工试件坡口，清除焊丝和试件坡口表面及其正背两侧 20mm 范围内的油、水、锈等污物，试件坡口表面及其正背两侧 20mm 范围还需打磨至露出金属光泽，然后再用丙酮进行清洗。

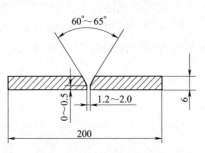

图 5-1 薄板 V 形坡口平焊

根部间隙为 1.2~2.0mm，反变形角度为 3°，对接边缘偏差≤0.6mm。按表 5-1 中打底层的焊接参数在试件背面两端进行定位焊接，定位焊缝长度为 10~15mm。

表 5-1 平板对接焊接参数

焊层类别	焊接电流 /A	电弧电压 /V	伸出长度 /mm	气流量 /（L/min）
打底层	100	19~20	10~12	9~10
盖面层	120~130	20	10~12	9~10

将装配好的试件让其间隙大的一端处于左侧，按表5-1中打底焊的焊接参数调节好设备，在试件的右端开始引弧。引弧用较长的电弧（弧长约为4~7mm），使坡口处预热4~5s，当定位焊缝左端形成熔池，并出现熔孔后开始送丝。焊丝、焊枪与工件的角度如图5-2所示。

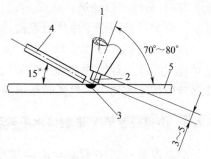

图5-2　薄板V形坡口平焊焊枪、
焊丝与工件夹角
1—喷嘴　2—钨极　3—熔池
4—焊丝　5—工件

焊接打底层时，采用较小的焊枪倾角和较小的焊接电流，而焊接速度和送丝速度较快，以免使焊缝下凹和烧穿。焊丝送入要均匀，焊枪移动要平稳，速度要一致，焊接时要密切注意焊接熔池的变化，随时调节有关参数，保证背面焊缝成形良好。当熔池增大，焊缝变宽并出现下凹时，说明熔池温度过高，应减小焊枪与工件夹角，加快焊接速度；当熔池减小时说明熔池温度较低，应增加焊枪与工件的倾角，减慢焊接速度。

当更换焊丝时，松开焊枪上的开关，停止送丝，借助焊机的焊接电流衰减熄弧，但焊枪仍须对准熔池进行保护，待其冷却后才能移开焊枪。然后检查接头处弧坑质量，若有缺陷时，则须将缺陷磨掉，并使其前端成斜面，然后在弧坑右侧15~20mm处引弧，并慢慢向左移动，待弧坑处开始熔化并形成熔池和熔孔后，开始送进焊丝进行正常焊接。

当焊至试件左端时，应减小焊枪与工件夹角，使热量集中在焊丝上，加大焊丝熔化量，以填满弧坑，松开焊枪按钮，借助焊机的焊接电流衰减熄弧。

按填充层的焊接参数，调节好设备进行填充层的焊接，其操作与焊打底层相同。焊接时焊枪可作圆弧之字形的横向摆动，并在坡口两侧稍作停留。在试件右端开始焊接，注意熔池两侧熔合情况，保证焊道表面平整并且稍下凹，填充层的焊道焊完后应比工件表面低 1.0~1.5mm，以免坡口边缘熔化，导致盖面层产生咬边或焊偏现象。焊完后须清理干净焊道表面。

按盖面层的焊接参数调节好设备，在试件右端开始焊接，操作与填充层相同。焊枪摆动幅度应超过坡口边缘 1~1.5mm，须尽可能保持焊接速度均匀，熄弧时须填满弧坑。

5.1.2　小直径管子 V 形坡口水平转动单面焊双面成形

焊前准备：试件 42mm×3mm 管子两根，长度 100mm，材料为 20 钢。

按图 5-3 所示加工试件坡口，清除管子坡口及其端部内外表面 20mm 范围内的油、污、水、锈等，并打磨直至露出金属光泽。用丙酮清洗工件和焊丝表面。

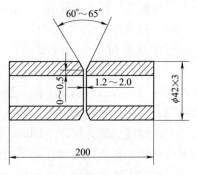

图 5-3　小直径管子 V 形坡口水平转动焊

根部间隙为 1.2~2.0mm，对接边缘误差≤0.5mm。进行定位焊接，只焊一点，焊缝长度为 10~15mm，定位焊应保证焊透并无各种缺陷，并将定位焊缝两端磨成斜坡。

按打底层焊接参数调节好设备，将装配好的试件装夹在焊接变位器上，使定位焊缝处于 6 点钟的位置（时钟位置）。在 12 点钟处引弧，管子不转动也不填加焊丝，待管子坡口处开始熔化并形成熔池和熔孔后开始转动管子，并填加焊丝。

在焊接过程中，焊枪、焊丝与管子的角度如图 5-4 所示，电弧始终保持在 12 点钟位置，并对准坡口间隙，可稍做横向摆动。焊接过程中应保证管子的转速平稳。

当焊至定位焊缝处时，应松开焊枪上的开关，停止送丝，借助焊机的焊接电流衰减装置熄弧，但焊枪仍须对准熔池进行保护，待其冷却后才能移开焊枪。然后检查接头处弧坑质量，若有缺陷时，

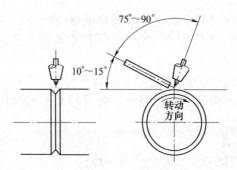

图 5-4　小直径管子 V 形坡口水平转动焊焊枪、焊丝的角度

则须将缺陷磨掉，并使其前端成斜面，然后在斜面处引弧，管子暂时不转动并先不加填充焊丝，待焊缝开始熔化并形成熔池后，开始送进焊丝进行接头正常焊接。

当焊完一圈，打底焊快结束时，先停止送丝和管子转动，待起弧处焊缝头部开始熔化时，再填加焊丝，填满接头处再熄弧，并将打底层清理干净。

盖面层操作与焊打底层基本相同，焊枪摆动幅度略大，使熔池超过坡口棱边 0.5~1.5mm，以保证坡口两侧熔合良好。

5.2　CO_2 气体保护焊单面焊双面成形操作技术

5.2.1　CO_2 气体保护焊横焊单面焊双面成形操作技术

1. 药芯焊丝 CO_2 气体保护半自动焊单面焊双面成形操作特点

1）药芯焊丝 CO_2 气体保护电弧焊焊接具有质量高，飞溅小，生产率高，焊接成本低以及适宜全位置焊等特点，因而在焊接生产中受到广大焊接工作者的青睐并获得了越来越广泛的应用。

2）药芯焊丝 CO_2 气体保护电弧焊虽具有气渣联合保护功能，但操作不当，会使焊缝产生夹渣未焊透等缺陷的概率比使用 CO_2 气体保护实芯焊丝时要高。

3）药芯焊丝 CO_2 气体保护电弧焊的熔池熔化金属较实心焊丝 CO_2 气体保护焊接时熔池熔化金属稀，流动性较大，熔池形状较难控制，熔化金属更易下淌，无疑同样横焊位的药芯焊丝 CO_2 焊接与实心焊丝 CO_2 焊接相比，更加大了操作难度，这在全国焊工技能大赛上已显现出来。

4）药芯焊丝 CO_2 焊操作技能上既有与实心焊丝 CO_2 焊相同之处，同时又有不同的地方，因此掌握药芯 CO_2 焊操作技术需要有更加良好的技能。

2. 焊前准备

1）选用 NBC-350 CO_2 气体保护焊机。

2）焊丝选用 CO_2 药芯焊丝（TWE-711），规格为 $\phi1.2mm$。

3）气体：CO_2 气体纯度不小于 99.5%（体积分数）。

4）工件（试板）采用 Q235 低碳钢板，厚度为 12mm，长为 300mm，宽为 125mm，用剪板机或气割下料，然后再用刨床加工成 V 形 65°坡口，如图 5-5 所示。

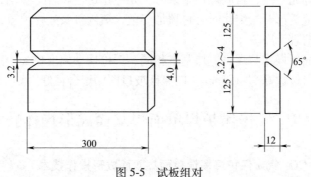

图 5-5　试板组对

辅助工具和量具：CO_2 气体流量表，CO_2 气瓶，角向打磨机，敲渣锤，钢直尺，焊缝万能规等。

3. 焊前装配定位及焊接

装配定位的目的是把两块试板装配成合乎焊接技术要求的 V 形坡口的试板。试板准备：用角向打磨机将试板两侧坡口面及坡口边缘 20~30mm 范围内的油、污、锈、垢清除干净，使之呈现出金属光泽。然后在钳工台虎钳上修磨坡口钝边，使钝边尺寸保证在 1~1.5mm。试板装配：装配间隙始焊端为 3.2mm，终焊端为 4mm（可以用 $\phi3.2mm$ 或 $\phi4mm$ 焊条头夹在试板坡口的钝边处，定位焊牢两试板，然后用敲渣锤打掉定位焊的焊条头即可）。定位焊缝长为 10~15mm（定位焊缝在正面焊缝处），对定位焊缝焊接质量要求与正式焊缝一样。反变形量的组对如图 5-6 所示。

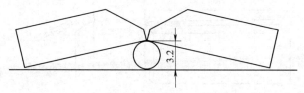

图 5-6　药芯 CO_2 焊横焊反变形尺寸

4. 焊接操作

板厚为 12mm 的试板，药芯焊丝 CO_2 对接横焊，焊缝共有 4 层 11 道，即：第 1 层为打底焊（1 点钟），第 2 层、第 3 层为填充焊（共 5 道焊缝），第 4 层为盖面焊（共 5 道焊缝堆焊而成），焊缝层次及焊道排列如图 5-7 所示，各层焊接参数见表 5-2。

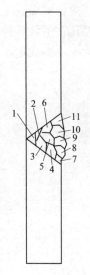

图 5-7　焊缝层次及焊道排列

调整好打底焊的焊接参数后，按图 5-8 所示的焊枪喷嘴、焊丝与试板的夹角及运丝方法，左向焊法进行焊接。

首先在定位焊缝上引弧，焊枪以小幅度划斜圈形摆动从右向左进行焊接，使坡口钝边上下边棱各熔化 1~1.5mm 并形成椭圆形熔孔，施焊中密切观察熔池和熔孔的形状，保持已形成的熔孔始终大小一致，持焊枪的手要稳，焊接速度要均匀，

表 5-2　焊接参数

焊接层次	焊丝直径 /mm	焊丝伸出长度/mm	焊接电流 /A	电弧电压 /V	气体流量 /(L/min)
打底层	1.2	12~15	115~125	18~19	12
填充层	1.2	12~15	135~145	21~22	12
盖面层	1.2	12~15	130~145	21~22	12

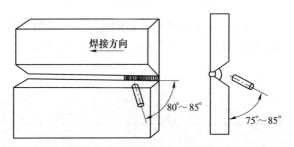

图 5-8　焊枪喷嘴、焊丝与试板夹角及运丝

当焊枪喷嘴在坡口间隙中摆动时，焊枪在上坡口钝边处停顿的时间要比在下坡口钝边处停顿的时间稍长，防止熔化金属下坠，形成下大上小的成形不良焊缝。打底层焊缝形状如图 5-9 所示。

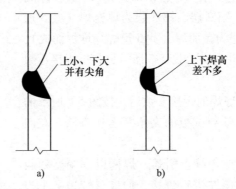

图 5-9　打底层焊缝形状
a）好　b）不好

　　300mm 长的试板焊接时尽量不要中断，应一气焊成。若焊接过程中断弧了，应从断弧处后 15mm 处重新起弧，焊枪以小幅度锯齿形摆动，当焊至熔孔边沿接上头后，焊枪应往前压，听到"扑、扑"声后，稍作停顿，再恢复小倾斜椭圆形摆动向前施焊，完成打底焊道，焊到试件收弧处时，熄灭电弧，此时焊枪不能马上移开，待熔池凝固后才能移开焊枪，以防收弧区保护不良而产生气孔。

将焊道表面的飞溅和焊渣清理干净，调试好填充焊的焊接参数后，按照图 5-10 所示焊枪喷嘴的角度进行填充层第 2 层和第 3 层的焊接。填充层的焊接采用右向焊法，这种焊法填充快。填充层焊接，焊接速度要慢些，填充层的厚度以低于母材表面 1.5~2mm 为宜，且不得熔化坡口边缘棱角，以利于盖面层的焊接。

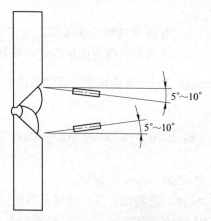

图 5-10　填充层焊枪喷嘴的角度

清除填充层焊道及坡口上的飞溅和焊渣，调整好盖面焊道的焊接参数后，按照图 5-11 所示焊枪角度进行盖面焊道的焊接。盖面焊的第 1 道焊缝是盖面焊的关键，要求焊缝成形圆滑过渡，焊枪喷

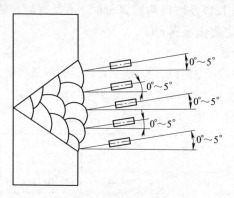

图 5-11　盖面层焊枪角度

嘴稍前倾，从右向左施焊（即左焊法），这样不挡焊工的视线，焊缝成形平缓美观，焊缝平直容易控制。其他各层均采用右向焊，焊枪喷嘴呈划圆圈运动，每层焊后要清渣，各焊层间相互搭接1/2，防止夹渣及焊层搭接棱沟的出现，影响表面焊缝成形的美观。收弧时应填满弧坑。

5. 焊缝清理

焊缝焊完后，清理焊渣和飞溅，保持焊缝处于焊接原始状态，在交付专职焊接检验前不得对焊缝表面缺陷进行修复。

5.2.2 CO_2 气体保护焊平焊单面焊双面成形操作技术

1. 焊前准备

1）焊接设备选用 NEW-K350 或 NEW-K500 型 CO_2 半自动焊机。

2）选用 H08Mn2Siϕ1.2mm 的焊丝。

3）采用 CO_2 气体，要求 CO_2 气体纯度不得低于 99.5%（体积分数），使用前应作提纯处理。

4）试板为 Q355 钢板，尺寸为 350mm×140mm×10mm。

2. 试板组对

1）试板组对间隙为 2~2.5mm，钝边为 1.5mm，坡口角度为70°，反变形 2mm。

2）试板坡口以及坡口两侧 20mm 处不得有油、锈、水分等杂质，并清理使之露出金属光泽。

3. 焊接参数

为了保证 CO_2 气体保护焊时能获得优良的焊缝质量，除了要有合适的焊接设备和工艺材料外，还应合理地选择焊接参数，见表5-3。

表 5-3 平板对接焊接参数

焊层类别	焊接电流 /A	电弧电压 /V	伸出长度 /mm	气体流量 /(L/min)
打底层	100	19~20	10~12	9~10
盖面层	120~130	20	10~12	9~10

试板采用单道连续焊且两层焊完，要求单面焊双面成形，正、背面的焊缝余高均要求达到 0.5~2.0mm。

4. 定位焊

定位焊缝是正式焊缝的一部分，不但要单面焊双面成形，而且要注意保证焊接质量，不得有裂纹、气孔、未熔合、未焊透等缺陷，在试板的两端分别进行定位焊，定位焊缝长约 5mm、焊缝高度小于 4mm。

5. 打底焊

引燃电弧后，先从间隙小的一端引弧焊接，以锯齿形运条法进行摆动焊接，焊丝的右侧倾角约 75°，当焊丝摆动到定位焊缝的边缘时，在击穿试件根部形成熔孔后，约使电弧停留 2s，使其接头充分熔合，然后以稍快的焊接速度改用月牙形运条摆动向前施焊。

施焊中每完成一个"月牙形"运丝动作，必须使新熔池压住上一个熔池的 1/2，这样，能避免焊丝在施焊中从间隙穿出造成焊穿，或中断焊接，影响焊接质量，焊丝运到坡口两侧时稍停，中间稍快，使焊缝表面成形较平，两侧避免凹陷产生。

施焊中，为使背面焊透并成形良好，应随时观察并掌握熔池的形状和熔孔的大小。熔池要呈椭圆形，熔孔直径应控制在 4~5mm 之间（坡口钝边两侧各熔化 1~1.5mm）。焊接过程中焊丝的摆动频率要比焊条电弧焊慢些，因 CO_2 气体既起保护熔池不受空气的侵入和稳定电弧燃烧的作用，同时也能起到冷却作用，受热截面较小，所以比焊条电弧焊容易控制熔池形状，焊接速度稍慢也不容易焊穿。

收弧时，应使焊丝在坡口左侧或右侧停弧，并停留 3~4s，使 CO_2 气体继续保护没有彻底凝固的熔池不受空气的侵入，避免产生气孔。

接头时应在弧坑后 10mm 处引燃电弧，仍以锯齿形向前运动，当焊丝运至弧坑边缘时，约停 2s，以使根部接头熔合良好，然后再继续施焊。

6. 盖面层的焊接

盖面层焊接时，焊丝倾角大致与打底焊相同，焊接电流比打底焊稍大。为使盖面焊成形良好，焊枪作锯齿形运动，两边慢中间快，因 CO_2 气体的冷却作用，焊缝边缘温度较低，容易产生熔合不良，所以焊丝运动时，必须在两边作比普通电弧焊稍长时间的停顿，以延长焊缝边缘的加热时间，使焊缝两边有足够的热量，使坡口两侧熔合良好，避免未熔合等缺陷。同时施焊中焊丝的摆动要均匀，坡口两侧停顿时间要一致，以免焊偏，电弧压过每侧坡口边2mm 为宜，焊缝表面余高在 1~1.5mm 最好。

5.2.3 CO_2 气体保护焊立焊单面焊双面成形操作技术

1. 试板组对

间隙为 2.5~3mm，钝边为 1.5mm，坡口角度为 70°，反变形为 2.5mm。要求试板坡口以及坡口两侧 20mm 处不得有油、锈、水分等杂质，并清理使之露出金属光泽。

2. 试板对接立焊焊接参数（表 5-4）

表 5-4　试板对接立焊焊接参数

焊层类别	焊接电流/A	电弧电压/V	伸出长度/mm	气体流量/(L/min)
打底层	100	19~20	12	10
盖面层	120	20	10~12	10~12

试板连续焊两层焊完，要求单面焊双面成形，正、背面的焊缝余高均要求达到 0.5~2.5mm。

3. 定位焊

施焊时，采用向上立焊的连弧焊方法进行焊接。先在试板的始焊处起弧（间隙下端），焊丝在坡口两边之间作轻微的横向运动，焊丝与试板下部夹角约为 80°，当焊到定位焊端头边沿，坡口熔化的熔化金属与焊丝熔滴连在一起，听到"扑、扑"声，形成第一个熔池，这时熔池上方形成深入每侧坡口钝边 1~2mm 的熔孔，应稍加快焊接速度，焊丝立即改小月牙形摆动向上焊接。

CO_2 立焊的操作要领与普通电弧焊大致相似，也要"一看、二听、三准"，"看"就是要注意观察熔池的状态和熔孔的大小。施焊过程中，熔池呈扇形，其形状和大小应基本保持一致。"听"就是要注意听电弧击穿试板时发出的"扑扑"声，有这种声音证明试板背面焊缝穿透熔合良好。"准"就是将熔孔端点位置控制准确，焊丝中心要对准熔池前端与母材交界处，使每个新熔池压住前一个熔池搭接 1/2 左右，防止焊丝从间隙中穿出，使焊接不能正常进行，造成焊穿，影响焊缝背面成形。

熄弧的方法是先在熔池上方作一个熔孔（比正常熔孔大些），然后将电弧拉至坡口任何一侧熄弧，接头的方法与焊条电弧焊相似，在弧坑下方 10mm 处坡口内引弧，焊丝运动到弧坑根部时焊丝摆动放慢，听到"扑扑"声后稍作停顿，随后立即恢复正常焊接。

4. 盖面层的焊接

盖面层的焊接焊丝与试板下部夹角为 75°左右为宜，焊丝采用锯齿形运动为好。焊接速度要均匀，熔池熔化金属应始终保持清晰明亮。同时焊丝摆动应压过坡口边缘 2mm 处并稍作停顿，以免咬边，保证焊缝表面成形平直美观。

施焊中，接头的方法是：在熄弧处引弧接头，收弧时要注意填满弧坑，焊缝表面余高为 1~1.5mm 最好。

第 6 章

气焊、气割及火焰矫正

6.1 气焊

6.1.1 气焊原理、特点及应用

1. 气焊原理

利用可燃气体与助燃气体混合燃烧后，产生的高温火焰对金属材料进行熔化焊的一种方法。如图 6-1 所示，将乙炔和氧气在焊炬中混合均匀后，从焊嘴出燃烧火焰，将工件和焊丝熔化后形成熔池，待冷却凝固后形成焊缝连接。

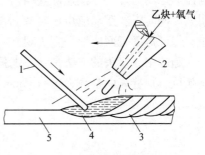

图 6-1　气焊原理
1—焊丝　2—焊炬　3—焊缝
4—熔池　5—工件

气焊所用的可燃气体很多，有乙炔、氢气、液化石油气、煤气等，而最常用的是乙炔。乙炔的发热量大，燃烧温度高，制造方便，使用安全，焊接时火焰对金属的影响最小，火焰温度高达 3100～3300℃。氧气作为助燃气，其纯度越高，耗气越少。因此，气焊也称为氧乙炔焊。

2. 气焊的特点及应用

1）焊炬尺寸小，使用灵活。由于气焊热源温度较低，加热缓慢，生产率低，热量分散，热影响区大，工件有较大的变形，接头

质量不高。

2）设备简单，移动方便，操作易掌握，但设备占用生产面积较大。

3）火焰对熔池的压力及对工件的热输入量调节方便，故熔池温度、焊缝形状和尺寸、焊缝背面成形等容易控制。

4）气焊适于各种位置的焊接。适于焊接 3mm 以下的低碳钢、高碳钢薄板、铸铁补焊以及铜、铝等非铁金属的焊接。在船上无电或电力不足的情况下，气焊则能发挥更大的作用，常用气焊火焰对工件、刀具进行淬火处理，对纯铜皮进行回火处理，并矫直金属材料和净化工件表面等。此外，由微型氧气瓶和微型溶解乙炔气瓶组成的手提式或肩背式气焊气割装置，在旷野、山顶、高空作业中应用是十分简便的。

6.1.2 气焊设备

气焊所用设备及气路连接，如图 6-2 所示。

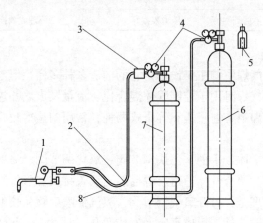

图 6-2 气焊设备及其气路连接

1—焊炬 2—乙炔胶管（红色） 3—回火安全器 4—减压器
5—瓶帽 6—氧气瓶 7—乙炔瓶 8—氧气胶管（黑色）

减压器常见故障及排除方法见表 6-1。

表 6-1 减压器常见故障及排除方法

故障特征	产生原因	排除方法
减压器连接部分漏气	1. 螺纹配合松动；2. 垫圈损坏	1. 把螺母拧紧；2. 调换垫圈
安全阀漏气	活门垫料与弹簧变形	调整弹簧或更换活门垫料
减压器罩壳漏气	弹性薄膜装置中的膜片损坏	更换膜片
调节螺钉虽已松开，但低压表有缓慢上升的自然现象	1. 减压活门或活门座上有垃圾；2. 减压活门或活门损坏；3. 副弹簧损坏	1. 去除垃圾；2. 调换减压活门；3. 调换副弹簧
减压器在使用时，突然出现压力下降现象	减压活门密封不良或有垃圾	去除垃圾或调换密封垫料
工作过程中，气体供应不上或压力表指针有较大摆动	减压活门冻结	用热水或蒸汽解冻
压力表指针不回到零值	压力表损坏	修理或调换压力表

1. 焊炬

焊炬是气焊中的主要设备，它的构造多种多样，但基本原理相同。焊炬是气焊时用于控制气体混合比、流量及火焰并进行焊接的手持工具。焊炬有射吸式和等压式两种，常用的是射吸式焊炬，如图6-3所示。

焊炬由主体、手柄、乙炔调节阀、氧化调节阀、喷射管、喷射孔、混合室、混合气体通道、焊嘴、乙炔管接头和氧气管接头等组成。工作原理是：打开氧气调节阀，氧气经喷射管从喷射孔快速射出，并在喷射孔外围形成真空而造成负压（吸力）；再打开乙炔调节阀，乙炔即聚集在喷射孔的外围；由于氧射流负压的作用，乙炔很快被氧气吸入混合室和混合气体通道，并从焊嘴喷出，形成了焊接火焰。

射吸式焊炬型号含义示例如下所示，其参数见表6-2。

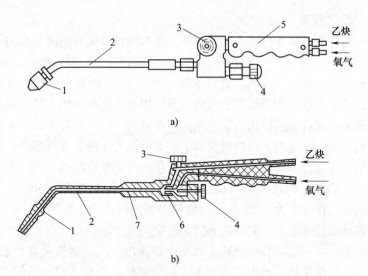

图6-3　射吸式焊炬外形图及内部构造

a) 外形结构　b) 内部构造

1—焊嘴　2—混合管　3—乙炔阀门　4—氧气阀门　5—手把　6—喷嘴　7—射吸管

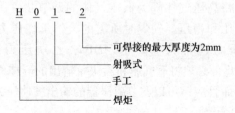

表6-2　射吸式焊炬型号及其参数

型号	焊接低碳钢厚度/mm	氧气工作压力/MPa	乙炔使用压力/MPa	可换焊嘴个数	焊嘴直径/mm				
					1	2	3	4	5
H01-2	0.5~2	0.1~0.25	0.001~0.10	5	0.5	0.6	0.7	0.8	0.9
H01-6	2~6	0.2~0.4			0.9	1.0	1.1	1.2	1.3
H01-12	6~12	0.4~0.7			1.4	1.6	1.8	2.0	2.2
H01-20	12~20	0.6~0.8			2.4	2.6	2.8	3.0	3.2

2. 乙炔瓶

乙炔瓶是储存溶解乙炔的钢瓶，在瓶的顶部装有瓶阀供开闭气瓶和装减压器用，并套有瓶帽保护；在瓶内装有浸满丙酮的多孔性填充物（活性炭、木屑、硅藻土等），丙酮对乙炔有良好的溶解能力，可使乙炔安全地储存于瓶内，当使用时，溶在丙酮内的乙炔分离出来，通过瓶阀输出，而丙酮仍留在瓶内，以便溶解再次灌入瓶中的乙炔；在瓶阀下面的填充物中心部位的长孔内放有石棉绳，其作用是促使乙炔与填充物分离。乙炔瓶的外壳漆成白色，用红色写明"乙炔"字样和"不可近火"字样。乙炔瓶的容量为40L，乙炔瓶的工作压力为1.5MPa，而输给焊炬的压力很小，因此，乙炔瓶必须配备减压器，同时还必须配备回火安全器。

乙炔瓶一定要竖立放稳，以免丙酮流出；乙炔瓶要远离火源，防止乙炔瓶受热，因为乙炔温度过高会降低丙酮对乙炔的溶解度，而使瓶内乙炔压力急剧增高，甚至发生爆炸；乙炔瓶在搬运、装卸、存放和使用时，要防止遭受剧烈的振荡和撞击，以免瓶内的多孔性填料下沉而形成空洞，从而影响乙炔的储存。

减压器是将高压气体降为低压气体的调节装置，其作用是减压、调压、量压和稳压。气焊时所需的气体工作压力一般都比较低，如氧气压力通常为0.2～0.4MPa，乙炔压力最高不超过0.15MPa。因此，必须将氧气瓶和乙炔瓶输出的气体经减压器减压后才能使用，而且应该可以调节减压器的输出气体压力。

3. 回火安全器

回火安全器又称回火防止器或回火保险器，它是装在乙炔减压器和焊炬之间，用来防止火焰沿乙炔管回烧的安全装置。正常气焊时，气体火焰在焊嘴外面燃烧。但当气体压力不足、焊嘴堵塞、焊嘴离工件太近或焊嘴过热时，气体火焰会进入嘴内逆向燃烧，这种现象称为回火。发生回火时，焊嘴外面的火焰熄灭，同时伴有爆鸣声，随后有"吱、吱"的声音。如果回火火焰蔓延到乙炔瓶，就会发生严重的爆炸事故。因此，发生回火时，回火安全器的作用是使回流的火焰在倒流至乙炔瓶以前被熄灭。同时应首先关闭乙炔开关，然后再关氧气开关。

干式回火保险器的核心部件是粉末冶金制造的金属止火管。正常工作时，乙炔推开单向阀，经止火管、乙炔胶管输往焊炬。产生回火时，高温高压的燃烧气体倒流至回火保险器，由带非直线微孔的止火管吸收了爆炸冲击波，使燃烧气体的扩张速度趋近于零，而透过止火管的混合气体流顶上单向阀，迅速切断乙炔源，有效地防止火焰继续回流，并在金属止火管中熄灭回火的火焰。

回火的处理：当遇到回火时，不要紧张，应迅速关闭焊炬上的乙炔调节阀，同时关闭氧气调节阀，等回火熄灭后，再打开氧气调节阀，吹除焊炬内的余焰和烟灰，并将焊炬的手柄前部放入水中冷却。

气焊所用设备还有氧气瓶和橡胶管等。

6.1.3　气焊火焰

常用的气焊火焰是乙炔与氧混合燃烧所形成的火焰，也称氧乙炔焰。根据氧与乙炔混合比的不同，氧乙炔焰可分为中性焰、碳化焰（还原焰）和氧化焰三种，其构造和形状如图 6-4 所示。不论采用何种火焰气焊时，喷射出来的火焰（焰芯）形状应该整齐垂直，不允许有歪斜、分叉或发生吱吱的声音。只有这样才能

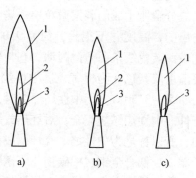

图 6-4　氧乙炔焰

a) 碳化焰　b) 中性焰　c) 氧化焰

1—外焰　2—内焰　3—焰芯

使焊缝两边的金属均匀加热，并正确地形成熔池，从而保证焊缝质量。否则，不管焊接操作技术多好，焊接质量也要受到影响。所以，当发现火焰不正常时，要及时使用专用的通针把焊嘴口处附着的杂质消除掉，待火焰形状正常后再进行焊接。

1. 碳化焰

氧气和乙炔的混合比小于 1.1 时燃烧形成的火焰称为碳化焰。碳化焰的整个火焰比中性焰长而软，它也由焰芯、内焰和外焰组

成，而且这三部分均很明显。焰芯呈灰白色，并发生乙炔的氧化和分解反应；内焰有多余的炭，故呈淡白色；外焰呈橙黄色，除燃烧产物 CO_2 和水蒸气外，还有未燃烧的炭和氢。

碳化焰的最高温度为 2700~3000℃，由于火焰中存在过剩的炭微粒和氢：碳会渗入熔池金属，使焊缝的含碳量增高，故称碳化焰，不能用于焊接低碳钢和合金钢，同时碳具有较强的还原作用，故又称还原焰；游离的氢也会透入焊缝，产生气孔和裂纹，造成硬而脆的焊接接头。因此，碳化焰只使用于高速钢、高碳钢、铸铁补焊、硬质合金堆焊、铬钢等。

2. 中性焰

氧气和乙炔的混合比为 1.1~1.2 时燃烧所形成的火焰称为中性焰，又称正常焰。它由焰芯、内焰和外焰三部分组成。焰芯靠近喷嘴孔呈尖锥形，色白而明亮，轮廓清楚，在焰芯的外表面分布着乙炔分解所生成的碳素微粒层，焰芯的光亮就是由炽热的炭微粒所发出的，温度并不很高，约为 950℃。内焰呈蓝白色，轮廓不清，并带深蓝色线条而微微闪动，它与外焰无明显界限。外焰由里向外逐渐由淡紫色变为橙黄色。中性焰最高温度在焰芯前 2~4mm 处，为 3050~3150℃。用中性焰焊接时，主要利用内焰这部分火焰加热工件。中性焰燃烧完全，对红热或熔化了的金属没有碳化和氧化作用，所以称之为中性焰。气焊一般都可以采用中性焰。它广泛用于低碳钢、低合金钢、中碳钢、不锈钢、纯铜、灰铸铁、锡青铜、铝及合金、铅锡合金、镁合金等的气焊。

3. 氧化焰

氧化焰是氧与乙炔的混合比大于 1.2 时的火焰。氧化焰的整个火焰和焰芯的长度都明显缩短，只能看到焰芯和外焰两部分。氧化焰中有过剩的氧，整个火焰具有氧化作用，故称氧化焰。氧化焰的最高温度可达 3100~3300℃。使用这种火焰焊接各种钢铁时，金属很容易被氧化而造成脆弱的焊接接头；在焊接高速钢或铬、镍、钨等优质合金钢时，会出现互不融合的现象；在焊接非铁金属及其合金时，产生的氧化膜会更厚，甚至焊缝金属内有夹渣，形成不良的焊接接头。因此，氧化焰一般很少采用，仅适用于烧割工件和气焊黄铜、锰黄铜及镀锌薄钢板，特别是适合于黄铜类，因为黄铜中的锌在高温下极易蒸发，采用氧化焰时，熔池表面上会形成氧化锌和氧化铜的薄膜，起到了抑制锌蒸发的作用。

4. 焊接火焰的点燃、调整和熄灭

1）焊接火焰点燃时，先开启少许氧气阀门，再开启少许燃气阀门，使两种气体在焊炬中混合，从焊嘴中喷出，接触明火即可点燃。如果氧气阀门开启过大，会发生"啪""啪"的响声，火焰不易点燃或出现回火现象。如果点燃火焰后冒黑烟，说明氧气阀门开启过小，以上两种情况均应调整氧气阀门开度以保证火焰正常燃烧。

2）当火焰点燃后适当开大燃气阀门，再开大氧气阀门将火焰功率和火焰性质调到焊接需要的状态。一般情况下，应将燃气压力调至乙炔压力 0.05~0.1MPa，氧气压力 0.3~0.4MPa。

3）熄灭焊接火焰时，应先关小氧气阀门，再关闭燃气阀门，最后关闭氧气阀门。火焰熄灭后，再开启氧气阀门吹一下，检查焊接火焰是否熄灭。

6.1.4 气焊基本操作

1. 点火

点火之前，先把氧气瓶和乙炔瓶上的总阀打开，然后转动减压器上的调压手柄（顺时针旋转），将氧气和乙炔调到工作压力。再打开焊炬上的乙炔调节阀，再把氧气调节阀稍开一点后点火，如果氧气调节阀开得大，点火时就会因为气流太大而出现啪啪的响声，而且还点不着。如果不少加一点氧气助燃点火，虽然也可以点着，但是黑烟较大。点火时，手应放在焊嘴的侧面，不能对着焊嘴，以免点着后喷出的火焰烧伤手臂。

2. 调节火焰

刚点火的火焰是碳化焰，然后逐渐开大氧气调节阀，改变氧气和乙炔的比例，根据被焊材料性质及厚度要求，调到所需的中性焰、氧化焰或碳化焰。需要大火焰时，应先把乙炔调节阀开大，再调大氧气调节阀；需要小火焰时，应先把氧气调节阀关小，再调小乙炔调节阀。

3. 焊接方向

气焊操作是右手握焊炬,左手拿焊丝,可以向右焊(右焊法),也可向左焊(左焊法),如图6-5所示。

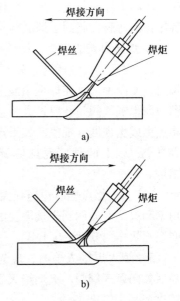

图 6-5　焊接方向
a)左焊法　b)右焊法

(1)左焊法　是焊丝在前,焊炬在后,这种方法是焊接火焰指向未焊金属,有预热作用,焊接速度较快,可减少熔深和防止烧穿,操作方便,适宜焊接薄板。用左焊法,还可以看清熔池,分清熔池中熔化金属与金属氧化物的界线,因此左焊法在气焊中被普遍采用。

(2)右焊法　是焊炬在前,焊丝在后,这种方法是焊接火焰指向已焊好的焊缝,加热集中,熔深较大,火焰对焊缝有保护作用,容易避免气孔和夹渣,但较难掌握。此种方法适用于较厚工件的焊接,而一般厚度较大的工件均采用电弧焊,因此右焊法很少使用。

4. 预热

在焊接开始时,由于工件的温度低,因此要对工件进行预热。预热时,应将火焰对准接头起点进行加热,为了缩短加热时间,且尽快形成熔池,可将火焰中心(焊炬喷嘴中心)垂直于工件并使火焰往复移动,以保证起焊处加热均匀。如果工件厚度不同,火焰应稍微偏向厚板,使温度保持基本一致。加热过程中,应注意观察熔池的形成,在工件表面开始发红时,将焊丝端部置于火焰中进行预热,当熔池即将形成时,将焊丝伸向熔池同时进行加热,如图6-6所示。

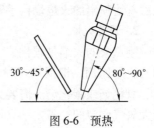

图 6-6　预热

5. 施焊方法

施焊时，要使焊嘴轴线的投影与焊缝重合，同时要掌握好焊炬与工件的倾角 α。工件愈厚，倾角越大；金属的熔点越高，导热性越大，倾角就越大。在开始焊接时，工件温度尚低，为了较快地加热工件和迅速形成熔池，α 应该大一些（80°~90°），喷嘴与工件近于垂直，使火焰的热量集中，尽快使接头表面熔化。正常焊接时，一般保持 α 为 30°~50°。焊接将结束时，倾角可减至 20°，并使焊炬作上下摆动，以便连续地对焊丝和熔池加热，这样能更好地填满焊缝和避免烧穿。焊炬的倾斜角与工件厚度关系如图 6-7所示。

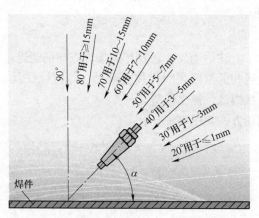

图 6-7　焊炬的倾斜角与工件厚度关系

焊接时，还应注意送进焊丝的方法。焊接开始时，焊丝端部放在焰芯附近预热，待接头形成熔池后，才把焊丝端部浸入熔池。焊丝熔化一定数量之后，应退出熔池，焊炬随即向前移动，形成新的熔池。注意，焊丝不能经常处在火焰前面，以免阻碍工件受热；也不能使焊丝在熔池上面熔化后滴入熔池；更不能在接头表面尚未熔化时就送入焊丝。焊接时，火焰内层焰芯的尖端要距离熔池表面2~4mm，形成的熔池要尽量保持瓜子形、扁圆形或椭圆形。焊丝在垂直于焊缝的方向送进并作上下移动。如果在熔池中发现有氧化物和气体时，可用焊丝不断地搅动金属熔池，使氧化物浮出和排出气体。

在气焊过程中，焊丝与工件表面之间的夹角一般为 30°~40°，焊丝与焊炬中心线的角度为 90°~100°，如图 6-8 所示。

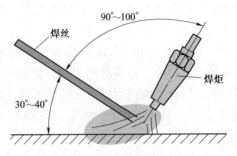

图 6-8　焊丝与工件表面之间的夹角

焊丝除了上述运动外，还要作向熔池方向的送进运动，即焊丝末端在高温区和低温区之间作往复运动。焊接铸铁及非铁金属时，焊丝还应搅拌熔池，挑出熔渣。

焊丝摆动方式如图 6-9 所示。

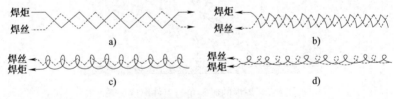

图 6-9　焊丝摆动方式
a）右焊法　b）、c）、d）左焊法

6. 火焰加热位置和角度

加热工件时，应使火焰焰芯尖端 2~4mm 处接触起焊点，工件厚度相同时，火焰指向工件接缝处，厚度不等时，应偏向厚的一侧，以保证形成熔池的位置在焊接接缝上。起焊前，预热焊嘴与工件夹角取大角度以保证尽快形成熔池。焊接开始后，应根据熔池大小调整焊接速度和焊嘴与工件夹角，以保证熔池在焊接过程中的大小一致。

7. 焊接过程添加焊丝的方法

焊接过程中，焊工应密切注意熔池的变化。在添加焊丝时，将焊丝末端伸入焊接火焰的内焰中，当焊丝形成熔滴滴入熔池后，应将焊炬均匀地向前移动，使熔池沿工件接缝处均匀地向前移动，保持熔池形状和大小的一致，得到合格的焊缝。无论焊丝作何种摆动，应用内焰融化焊丝，禁止用外焰熔化焊丝以防止熔滴被氧化。

焊接薄钢板时为防止烧穿，除加快焊接速度等措施外，可用焊丝阻挡火焰。如果使用焊剂焊接或发现熔池中有氧化物熔渣时，应用焊丝搅拌熔池，使氧化物及熔渣顺利上浮。

8. 焊嘴运动方式

（1）沿焊缝方向向前运动　用来使熔池沿接缝向前运动，形成焊缝，这是焊嘴和焊丝在焊接中最主要的运动方式。

（2）垂直于焊缝上下跳动　焊嘴的这种运动是为了调整熔池温度，焊丝的上下跳动是为了调整熔滴滴入熔池的速度以保证焊缝高度的均匀。

（3）沿焊缝宽度方向作横向运动　这种横向运动或圆圈状运动主要用焊接火焰增加熔池的宽度，以利于坡口边缘很好熔合。焊丝的这种运动是为了搅拌熔池。在焊接过程中，每一个焊工都应熟练掌握这些操作方法。

9. 收尾

焊缝末端，因工作散热条件变坏而温度升高，易造成熔池面积加大、烧穿的缺陷。一般采用减小焊嘴倾角，提高焊接速度，多加焊丝等措施使熔池降温。为防止收尾处出现气孔，停止焊接后采用抬高火焰的方法继续对熔池适当加热，使熔池凝固速度减慢，以利于溶池中气体逸出，防止收尾处气孔的产生。气焊焊缝收尾处的操作要领是：倾角小、焊接速度增、加丝快、慢离开。

10. 熄火

焊接工作结束或中途停止时，必须熄灭火焰。正确的熄灭方法是先顺时针方向旋转乙炔调节阀，直至关闭乙炔，再顺时针方向旋转氧气调节阀关闭氧气，这样可以避免出现黑烟和火焰倒袭。此外，关闭阀门以不漏气即可，不要关得太紧，以防止密封件磨损过快，降低焊炬的使用寿命。

6.1.5 不同空间位置的气焊操作

1. 平焊

平焊是指焊缝朝上呈水平位置的焊接方式，是气焊中最常用的一种焊接方法。焊接开始时，焊炬与工件的角度可大些，随着焊接过程的进行，焊炬与工件的角度可以减小。焊丝与焊炬的夹角应保持在90°左右，焊丝要始终浸在熔池内部，并上下运动与工件同时熔化，使两者在液态下能均匀混合形成焊缝，如图6-10所示。

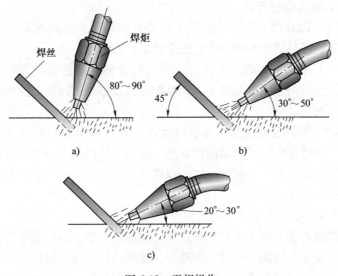

图 6-10　平焊操作

a）焊前预热　b）焊接过程中　c）焊接结束

2. 立焊

在工件的竖直面上进行纵向的焊接称为立焊。立焊的焊接火焰能率应较平焊小些，应严格控制熔池温度，焊炬火焰与工件成60°，以借助火焰气流的压力托住熔池，避免熔池金属下滴。一般情况下，立焊操作时，焊炬不能作横向摆动，仅能作上下移动，使熔池有冷却的时间，便于控制熔池温度。如图6-11所示。

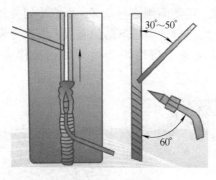

图 6-11 立焊操作

3. 横焊

横焊是指在工件的竖直面上进行横向的焊接方法，可分为对接横焊及搭接横焊等类别。在进行横焊时，需使用较小的火焰能率控制熔池的温度，焊炬应向上倾斜，与工件间的夹角保持在 65°～75°。利用火焰气流的压力托住熔化金属而不使其下淌。焊接薄板时，焊炬一般不作摆动，焊丝要始终浸在熔池中；焊接较厚板时，焊炬可作小环形运动。如图 6-12 所示。

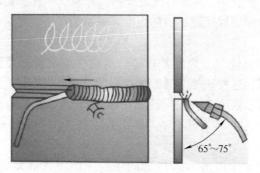

图 6-12 横焊操作

4. 仰焊

仰焊是指焊缝位于工件的下面，需要仰视焊缝进行焊接的操作方法。仰焊时，应采用较小的火焰能率，严格控制熔池的面积，选择较细的焊丝。当焊接开坡口及加厚的工件时，宜采用多层焊。第一层要焊透，第二层使两侧熔合良好，形成均匀美观的焊纹。同时多层焊是仰焊中防止熔池金属下落的有效手段。仰焊时要特别注意操作姿势，防止飞溅金属微粒和熔滴烫伤操作人员。如图 6-13 所示。

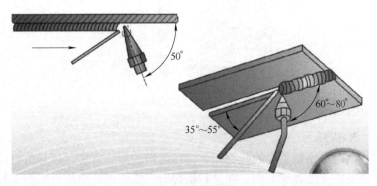

图 6-13　仰焊操作

6.1.6　气焊常见缺陷的预防

在气焊作业中，常常会出现烧穿、开裂、气孔、脆断和未焊透等缺陷。为保证焊接质量，防止上述缺陷的产生，可采取以下预防措施。

（1）防止烧穿　烧穿是指部分熔化金属从焊缝反面漏出，甚至烧穿成洞，这种缺陷会降低接头强度。预防措施是，选择适当型号的焊炬，乙炔压力一般应控制在 300～400kPa，不应用过大的碳化焰，焊炬火焰与工件应成 30°，且工件不宜过热，焊接速度要均匀。

（2）防止未焊透　未焊透的主要原因，一是火焰调整不当，乙炔压力低，温度达不到要求；二是焊接方向不对工件得不到预热，焊丝熔化后易堆积在焊缝上，工件的两个边缘未能凝成一体，预防措施是重新调高乙炔压力，火焰调至中性焰，火焰指向待焊部分，使工件预热，这样可以减少熔渣和未焊透等缺陷。

（3）防止咬边　咬边减少了焊缝的有效截面，使接头强度降低，容易在咬边处引起应力集中，承载后容易断裂。一般结构中咬边深度不允许超过 0.5mm，而特别重要的工件（如高压容器及管道）是不允许咬边存在的，如有必须补焊。产生咬边的原因主要是焊接不规范和操作不适当引起的。横焊时，当火焰能率过大或焊嘴、焊丝运动配合不当，焊嘴倾角不正确；平焊和立焊时由于火焰偏吹，焊丝移动范围过小或金属熔池面积过大，都可能引起咬边。为防止咬边产生，要选择合理的焊接规范和正确的操作方法；正确选择火焰能率；焊嘴与焊丝摆动要适宜；正确掌握焊嘴的倾角等。

（4）防止凹坑　凹坑经常出现在焊缝末端收尾处以及焊缝的接头处。凹坑不仅使该处焊缝的强度严重减弱，同时在凹坑内很容易产生气孔、夹渣和微小裂纹等缺陷。凹坑的产生是由于在操作过程中，收尾处未填满熔池就撤去焊丝。气焊薄板时，火焰能率过大或收尾时间过短，或在焊接中断后重新焊接时起焊处没有和前面的中断收尾处衔接好都会产生凹坑。防止凹坑的产生，要提高操作水平；重新接头时，应使新加入的焊丝熔滴和被熔化的原焊缝收尾处的金属熔合；收尾时，应多填加焊丝，将熔池完全填满。气焊薄板时，应正确选择火焰能率。

（5）防止气孔　焊接中焊缝出现气孔的原因是采用了氧化焰，由于氧气量增加，氧化反应剧烈，焊缝出现气孔。预防措施是采用中性焰焊接。

（6）防止焊瘤　焊瘤不但影响焊缝表面的美观，其下面还常常伴有未焊透缺陷，容易产生应力集中。管道内部的焊瘤还会影响管内的有效面积，甚至造成堵塞现象。产生焊瘤的主要原因是火焰能率太大，焊接速度过慢；工件装配间隙过大，焊丝和焊嘴角度不当等。为防止产生焊瘤，当进行立焊和横焊时，应选用比平焊小些的火焰能率，工件装配间隙不能太大，焊丝和焊嘴角度要适当。

（7）防止脆断　在焊接高碳钢过程中，若焊接工艺不当，作业环境不适宜，会使工件在使用中出现脆断现象。这是由于高碳钢工件焊接后，内部晶粒粗大且不均匀，产生较大的内应力所致。预防措施：工件焊接后必须整形捶击，以改善其内部组织结构，同时，可使接头平整；工件焊后应进行回火处理，以提高韧性，消除内应力。此外，焊接应避免在通风处进行，以防工件焊后降温过快。

（8）防止夹渣　夹渣多数是不规则形状，其尖角会引起很大的应力集中，尖角顶点常有裂纹产生。产生夹渣的原因主要有母材或焊丝的化学成分不当，焊缝金属中含有较多的 O_2、N_2 和 S；工件和焊丝的污物没有清理干净；多层多道焊时，层间的焊渣未清除干净；火焰能率过小，使熔池金属和熔渣所得到的热量不足，流动性降低，熔池金属凝固速度过快，熔渣来不及浮出；焊丝和焊嘴角度不正确等。防止夹渣缺陷的产生，要选用合格的优质焊丝；焊前将工件待焊处和焊丝表面及焊层间污物清理干净；选择合适的火焰能率；注意熔渣的流动方向，随时调整焊丝和焊嘴的角度，使熔渣能顺利地浮到熔池的表面。

（9）防止开裂　焊接中有时出现熔池刚凝固，焊缝随即开裂的现象。主要原因是选用了过大的碳化焰，使焊缝内形成了淬火组织，降低了焊缝的塑性，使晶粒内部破裂。因此，发现焊缝开裂时应重新将火焰调节成中性焰。

（10）防止过热和过烧　过热的特征是金属表面发黑并起氧化皮、晶粒粗大、性能变脆。金属过热可用在焊后进行正火等热处理方法改善，但对过烧缺陷必须铲除重焊。过热和过烧产生的原因通常是火焰能率过大、焊接速度太慢或焊嘴在一个地方停留时间过长。此外，过烧还与所采用的氧化焰、不合格焊丝以及在风力较大处焊接有关。防止过热和过烧的出现，要正确选用焊炬和焊嘴、火焰种类和焊接参数；采用中性焰，适当的焊接速度，不使熔池温度过高。此外，还必须使用合格的优质焊丝，不在风力较大的地方焊接。

6.1.7　气焊安全操作规程

1）氧气瓶和乙炔瓶要立着放置，并与作业区保持 5m 以上的距离。

2）装氧气表、乙炔表：装表时，要将压力调整阀调整到没有顶压的地方，用扳手将表与气瓶相连接牢固，打开气瓶开关，检查是否漏气，确认无漏气后方可调整气表上的压力调整阀。

3）氧气表的压力调整最高不得超过 1MPa，乙炔表的压力调整最高不得超过 0.05MPa。

4）检查管路是否有漏气的地方，发现有漏气的地方，要及时处理，要确认无漏气后方可点火。

5）点火、关火的过程：①先将乙炔阀门打开，不要太大或太小，同时将氧气微给一点，之后用火点燃，根据需要调整火焰的燃烧方式；②使用过程中，要时刻注意回火情况的发生，一旦发生回火，要马上将乙炔阀关掉，并重复上一动作；③关枪时，要先将氧气，乙炔关小后，再将乙炔关掉，氧气关掉。

6）操作中如发现乙炔和氧气压力或流量发生变化，不能满足工作要求需作调整时，必须停焊，熄灭火焰，待处理后重新点火。禁止带火焰进行调整处理，防止因发生器压力和流量的波动引起回火。

7）如果操作中发生回火，应急速关闭氧气调节手轮再关闭乙炔调节手轮。待回火熄灭后，将焊嘴放入水中冷却，然后打开氧气吹除焊炬内的烟灰，再重新点火。

8）在紧急情况下可将焊炬上的乙炔胶管拔下来。所以，一般要求氧气胶管必须与焊炬连接牢固，而乙炔胶管与焊炬接头连接以不漏气并容易接上或拔下为准。

9）焊接工作完成后，要将氧气瓶、乙炔瓶阀门关掉，并将氧气调压器、乙炔调压器的调整顶针退回，清理、检查现场有无安全隐患，停止使用后，焊炬应挂在适当的地方，或拆下胶管并将焊炬存放在工具箱内，禁止为工作方便而不卸下胶管，将焊炬、胶管和气源作永久性连接，确认无误后方可离开现场。

6.2 气割

6.2.1 气割的原理及应用特点

金属气割的两个条件：①金属的燃烧点应低于其熔点；②金属氧化物的熔点应低于金属的熔点。纯铁、低碳钢、中碳钢和普通低合金钢都能满足上述条件，具有良好的气割性能。高碳钢、铸铁、不锈钢，以及铜、铝等非铁金属都难以进行氧气切割。

气割即氧气切割，它是利用割炬喷出乙炔与氧气混合燃烧的预热火焰，将金属的待切割处预热到它的燃烧点（红热程度），并从割炬的另一喷孔高速喷出纯氧气流，使切割处的金属发生剧烈的氧化，成为熔融的金属氧化物，同时被高压氧气流吹走，从而形成一条狭小整齐的切口，使金属割开。因此，气割包括预热、燃烧、吹渣三个过程。气割原理与气焊原理在本质上是完全不同的，气焊是熔化金属，而气割是金属在纯氧中的燃烧（剧烈的氧化），故气割的实质是"氧化"并非"熔化"。由于气割所用设备与气焊基本相同，而操作也有近似之处，因此常把气割与气焊在使用上和场地上都放在一起。

气割基本分手工气割、半自动气割和自动气割三类。手工气割适应性好，但气割精度低，切口质量差；半自动气割在我国应用广泛，可以进行直线和圆周形、斜面以及 V 形坡口等形状的气割，其切口质量较好；自动气割机普遍采用数控气割机，其切口质量最好，效率最高，能完成复杂形状的气割下料。

与一般机械切割相比较，气割的最大优点是设备简单，操作灵活、方便，适应性强。它可以在任意位置，任何方向切割任意形状和任意厚度的工件，生产效率高、切口质量也相当好。采用半自动或自动切割时，由于运行平稳，在某些地方可代替刨削加工，如厚钢板的开坡口。气割在造船工业中使用最普遍，特别适用于稍大的工件和特形材料，还可用来气割锈蚀的螺栓和铆钉等。气割的最大缺点是对金属材料的适用范围有一定的限制，但由于低碳钢和低合金钢是应用最广泛的材料，所以气割的应用也就非常普遍了。

6.2.2　割炬

气割所需的设备中，氧气瓶、乙炔瓶和减压器同气焊一样。所不同的是气焊用焊炬，而气割要用割炬（又称割枪）。割炬比焊炬只多一根切割氧气管和一个切割氧阀门，如图 6-14 所示，对应的实物图如图 6-15 所示。此外，割嘴与焊嘴的构造也不同，切割嘴的出口有两条通道，周围的一圈是乙炔与氧的混合气体出口，中间的通道为切割氧（即纯氧）的出口，二者互不相通。割嘴有梅花形和环形两种。

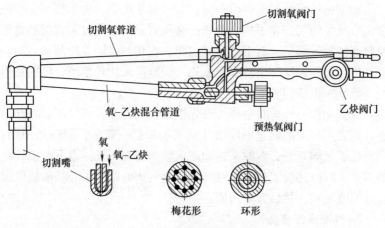

图 6-14 割炬结构

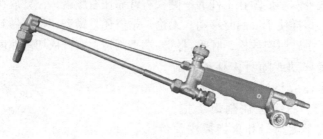

图 6-15 割炬实物

割炬有三个阀门，前面一个阀是调节氧气大小的，后面一个阀是调节乙炔气大小的，中间一个阀是调节混合气的，即氧气和乙炔气，阀门都是逆时针开、顺时针关。手柄最后面的红色的阀是控制燃气的，手柄下方蓝色的阀是控制混合氧的，这两个阀是控制预热火焰的，可以调出不同温度的火焰。手柄正上方的蓝色的阀控制高压氧，是在钢板被预热到燃点后打开用来切割的。

6.2.3　气割的基本操作技术

1. 准备

握割枪的姿势与气焊时一样，右手握住枪柄，大拇指和食指控制调节氧气阀门，左手扶在割枪的高压管子上，同时大拇指和食指控制高压氧气阀门。右手臂紧靠右腿，在切割时随着腿部从右向左移动进行操作，这样手臂有个依靠，切割起来比较稳当，特别是当没有熟练掌握切割时更应该注意这一点。

点火动作与气焊时一样，首先把乙炔阀打开，氧气可以稍开一点。点着后将火焰调至中性焰（割嘴头部是一蓝白色圆圈），然后把高压氧气阀打开，看原来的加热火焰是否在氧气压力下变成碳化焰为妥。同时还要观察，在打开高压氧气阀时割嘴中心喷出的风线是否笔直清晰，然后方可切割。

2. 气割操作姿势

气割操作姿势是指在手工气割时，应用较多的是"抱切法"，双脚成外八字形蹲在工件的一侧，右臂靠住右膝盖，左臂放在两腿中间，这样便于气割时移动。无论是站姿还是蹲姿，都要做到重心平稳，手臂肌肉放松，呼吸自然，端平割炬，双臂依切割速度的要求缓慢移动或随身体移动，割炬的主体应与被割物体的上平面平行。右手握住割炬手把，并以右手大拇指和食指握住预热氧调节阀（便于调整预热火焰能率，且一旦发生回火时能及时切断预热氧），左手的大拇指和食指握住切割氧调节阀（便于切割氧的调节），左手的其余三指平稳地托住射吸管，使割炬与工件保持垂直。气割时手的姿势如图6-16所示。

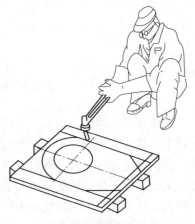

图6-16　气割操作姿势

3. 气割操作要点

气割一般从工件的边缘开始，如果要在工件中部进行切割时，应在中间处先钻一个直径大于 5mm 的孔，或开出一孔，然后从孔处开始切割。先用预热火焰加热金属，待预热到亮红色时，将火焰移至边缘以外，同时慢慢打开切割氧气阀门，随着氧流的增大，从割件的背面就飞出鲜红的氧化铁渣，证明工件已被割透，割炬就可根据工件的厚度以适当的速度开始由右至左移动。板边被割透以后，即可慢慢移动割炬进行切割，如图 6-17 所示。气割速度与工件厚度有关。一般而言，工件越薄，气割的速度要快，反之则越慢。当看到氧化物熔渣直往下冲或听到切口背面发出喳喳的气流声时，便可将割枪匀速地向前移动。

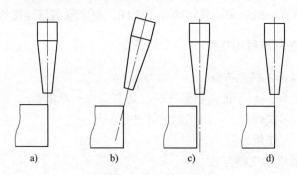

图 6-17　气割开始过程

a)、b) 预热　c) 后移　d) 起割

起割后，割炬的移动速度要均匀，控制割嘴与割件的距离约等于焰芯长度加 2~4mm，割嘴可向后（即向切割前进的方向）倾斜 20°~30°。割炬与工件的距离要保持不变。切割的速度应根据被割钢板的厚度和切割面的质量要求而确定。在实际工作中，可以通过以下两种方法来判断切割速度是否合适：一是观察切割面的割纹，如果割纹均匀，后拖量很小，说明切割速度合适；二是在切割过程中，顺着切割气流方向从切口上部观察，如果切割速度合适，应看到切割处气流通畅，没有明显弯曲。为充分利用预热火焰和提高效率，切割时可根据被切割钢板的厚度将割嘴向后倾斜 0°~30°，且钢

板越薄，角度应越大，如图 6-18 所示。

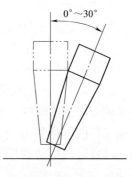

0°～30°

气割过程中，倘若发生爆鸣和回火现象，应立即关闭切割氧阀，然后关闭乙炔阀，使气割过程暂停。用通针清除通道内的污物。处理正常后，再重新气割。如发现割枪在前面走，后面的切口又逐渐凝结起来，则说明切割移动速度太慢或供给的预热火焰太大，必须将速度和火焰加以调整再往下割。

图 6-18　割嘴向后倾斜

临结束时，应将割炬沿气割相反的方向倾斜一个角度，以便将钢板的下部提前割透，使切口在收尾处显得很整齐。最后关闭氧气阀和乙炔阀，整个气割过程便告结束。

6.2.4　各种型材的气割

1. 角钢的气割方法

厚度 5mm 以下的角钢最好一次切割完成；厚度 5mm 以上的角钢可进行多次切割。一次切割的好处是氧化渣容易清除，直角面容易割齐，工作效率高。

2. 槽钢的气割方法

10 号以下槽钢（100mm×48mm×5.3mm），开口朝下放置，一次割完；10 号以上槽钢开口朝上放置。

3. 工字钢的气割方法

气割工字钢，一般都采用三次气割完成，先割两个垂直面，后割水平面。

4. 圆钢的气割方法

侧面预热，预热火焰应垂直于圆钢表面，开始气割时，将割嘴慢慢转为与地面相垂直的方向，慢慢加大气割氧气流。圆钢直径较大，一次割不透，则可以采用分瓣气割。

5. 滚动钢管的气割方法

分段进行，分段越少越好。可以转动管子，但是要保证割嘴与管子倾斜角度不变，掌握翻腕要领。

6. 水平固定管的气割方法

分两次气割，从底部开始，从六点钟位置切割到十二点钟位置。

6.2.5 常见缺陷的产生原因及防止措施

1. 切口过宽且表面粗糙

切口过宽且表面粗糙是由于气割氧气压力过大造成的。切割氧气压力过低时，切割的熔渣便吹不掉，切口的焊渣粘在一起不易去除。因此气割时，应将切割氧气压力调整适宜。

2. 切口表面不齐或棱角熔化

切口表面不齐或棱角熔化产生的原因是预热火焰过强，或切割速度过慢；火焰能率过小时，切割过程容易中断且切口表面不整齐，所以，为保证切口规则，预热火焰能率大小要适宜。

3. 切口后拖量大

切割速度过快致使切割后拖量过大，不易切透，严重时会使熔渣向上飞，发生回火。切割时，可根据熔渣流动情况进行判断，采用较为合理的切割速度，从而消除过大的后拖。

6.2.6 气割安全操作规程

1）氧气瓶、乙炔瓶的安全距离为10m，乙炔瓶距离明火的安全距离10m（高空作业时是指与垂直地面处的平行距离）。不使用的情况下，氧气瓶、乙炔瓶的安全距离为2m。存放的时候要分开存放。

2）氧气瓶与乙炔瓶在使用过程中要垂直固定，并绑扎牢靠。乙炔瓶禁止卧地使用，防止丙酮流出。对于卧地的乙炔瓶，使用前应立牢静止15min后方可使用。

3）乙炔的使用压力不能超过0.05MPa，氧气的使用压力一般在0.3MPa，严禁超压使用，防止输送气体的橡胶管爆裂发生事故。

4）瓶内气体严禁用净，应留有余压。乙炔不得低于0.05MPa，氧气不得低于0.1MPa。

5）氧气瓶、乙炔瓶的搬运要分开搬运，不得混装，并防止剧烈震动和碰撞。

6）在容器内和空间狭小，空气流通不畅的情况下，禁止电焊和气割同时进入。

7）氧气瓶嘴、割把氧气接口严禁油污，防止发生火灾事故。

8）操作时应着装规范，穿工作服，劳保鞋，并戴电焊手套和焊工眼镜。

9）发生火灾，氧气软管着火时，不能折弯软管断气，应迅速关闭氧气阀门，停止供氧。乙炔软管着火时，可以采取折弯前面一段软管的办法将火熄灭。乙炔瓶着火时，应立即把乙炔瓶朝安全方向推动，用沙子或者消防器材扑灭。

10）严禁在带压力的容器或者管道上进行焊、割作业，带电设备应先切断电源。

11）点火时，割炬不能对准人，正在燃烧的割枪不得放在工件或者地面上。在储存过易燃、易爆及有毒物品的容器或者管道上焊、割作业，应先清理干净，用蒸汽清理、烧碱清洗，作业时应将所有的孔、口打开。

12）工作完毕应检查有无火种留下，并做到"工完、料净、场地清"。

6.3 火焰矫正

火焰矫正是局部加热矫正的一种特殊形式，是基于局部加热时金属发生压缩塑性变形来实现的，一般有两种方式。

1. 薄板类或变形小的铸钢件的火焰矫正

同焊接结构件火焰矫正方法基本相同，常采用氧乙炔中性火焰，使用线状或三角加热法。加热部位位于伸长边或伸长面上，如图 6-19 所示。

这种火焰矫正方法主要用来矫正壁薄、塑性好、面积大而变形小的铸钢件。如薄板类铸钢件，立壁、立板等面积大、厚度小、变形量少的铸钢件。

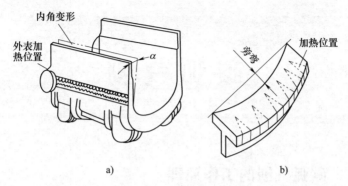

图 6-19　火焰矫正示意图

a) 角变形及加热位置　b) 旁弯曲及三角形加热位置

2. 大型厚壁结构的铸钢件火焰矫正

有两种情况。一种是半圆形结构（如转轮下环、半齿圈等），另一种是整圆结构（如转轮环、齿圈等）。一般采用大型烧嘴火焰局部加热，烧嘴的数量根据铸钢件结构及变形程度来确定，加热部位位于伸长边或伸长面上。如大型分半式转轮下环开口收缩变形的矫正就是采用局部烧嘴加热和挡梁支撑并在两边加楔铁的方法，加热时烧嘴加热部位放在外圆。

局部加热矫正时火焰矫正效果取决于温度高低、加热位置和冷却速度。加热温度一般为 700~850℃。温度过低，矫正效果差；过高又容易形成过热组织，对刚性较大的铸钢件也可施加力，以加强矫正效果。

对于一次加热未能矫正时，可重复矫正多次，但重复加热位置不得与原先加热过的位置重合。

第7章

碳弧气刨

7.1 碳弧气刨的工作原理

碳弧气刨的工作原理如图 7-1 所示。在工作时，利用碳棒（石墨棒）与工件之间产生的电弧将金属熔化，同时在气刨枪中通以压缩空气流，将熔化的金属吹掉，随着气刨枪向前移动，便在金属上加工出了沟槽。

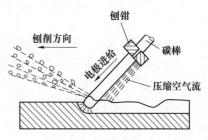

图 7-1　碳弧气刨的工作原理

碳弧气刨有很高的工作效率且适用性强。用自动碳弧气刨加工较长的焊缝和环焊缝的坡口，具有较高的加工精度，同时可减轻劳动强度。手工碳弧气刨的灵活性大，可进行全位置操作，适合于加工不规则的焊缝坡口。但对于手工碳弧气刨的操作要求高。碳弧气刨可以用来挑焊根、开坡口、刨除焊缝缺陷等。

7.2 碳弧气刨设备

碳弧气刨设备主要由电源设备、碳弧气刨枪及碳棒、空压机和电缆等组成，图 7-2 所示为碳弧气刨设备的组成。它是以夹在碳弧气刨钳上的镀铜碳棒作电极，工件作另一极，通电引燃电弧使金属局部熔化，刨钳上的喷嘴喷出气流，将熔化的金属吹掉，以刨出坯料边缘用来焊接的坡口，去除毛刺和焊渣或切割下料。碳弧气刨可用来切割低碳钢、不锈钢、铸铁、铜和铝等材料。

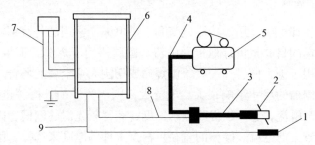

图 7-2　碳弧气刨设备的组成
1—母材　2—碳棒　3—碳弧气刨枪　4—碳弧气刨软管　5—空压机
6—焊机　7—输入电缆　8—碳弧气刨枪电缆　9—输出电缆

7. 2. 1　电源及极性

1. 电源

碳弧气刨应采用具有下降特性的直流弧焊电源。由于碳弧气刨所使用的电流较大，且连续工作时间长，故应选用功率较大的电源，如 ZXG-500、ZXG-630 等整流电源，切勿超载运行。当一台焊机功率不够时，可将两台焊机并联使用，但必须保证两台并联焊机性能相一致。低碳钢、低合金钢、不锈钢碳弧气刨时多采用直流反接。气刨枪同时要能完成夹持碳棒、传导电流、输送压缩空气的工作，因此，要求碳弧气刨枪具有夹持牢固、导电良好、更换方便、安全轻便的特点。气刨枪有侧面送风式、圆周送风式两种形式。

2. 极性的选用

接电源的方式有两种，工件接焊机正极称为正接，否则称为反接，碳弧气刨的极性选择见表 7-1。

表 7-1　碳弧气刨极性选择

极性	反接	正接	反接、正接均可
工件材料	碳钢、低合金钢、不锈钢	铜及其合金、铸铁	铝及其合金

7.2.2 碳棒

碳棒即电极，用于传导电流和引燃电弧。常用的是镀铜实心碳棒，镀铜的目的是更好地传导电流。圆碳棒用于焊缝背面挑焊根；扁碳棒用于刨宽槽、开坡口、刨焊瘤或切割大量金属的场合。刨削电流对刨槽的尺寸影响很大。电流大，则槽宽增加，槽深也增加。增大刨削电流，还可以提高刨削速度，获得较光滑的刨槽，因此一般采用较大的电流。碳棒的直径可根据工件的厚度来选择。刨削时碳棒伸出长度应为80~100mm，因此在刨削过程中，随着碳棒的烧损要经常调整碳棒的伸出长度。

刨削过程中需要利用压缩空气的吹力将熔化金属吹掉。压缩空气可由空压站提供，亦可利用小型空压机来供气。要求空气压力在0.5~1MPa。

7.3 碳弧气刨操作技术

碳弧气刨的全过程包括引弧、气刨、收弧等几个工序。

7.3.1 引弧

引弧前先用石笔在钢板上沿长度方向每隔40mm画一条基准线，起动焊机，开始送风。引弧成功后，开始只将碳棒向下进给，暂时不往前运行，待刨到所要求的槽深时，再将碳棒平稳地向前移动。对于厚度在16mm以下需开坡口的钢板，一次即可刨削而成。若钢板厚度超过20mm，要求U形坡口开得很大时，就要考虑多次刨削。

7.3.2 刨削

气刨引弧后，将碳棒与工件的倾角维持在30°~45°，碳棒的中心线要与刨槽的中心线相重合，否则会造成刨槽的形状不对称，影响质量。碳棒沿着钢板表面所划的基准线做直线往前移动，既不能做横向摆动，也不能做前后往复摆动，刨出的刨槽也不整齐光洁。

刨削过程中，要很好地利用压缩空气的吹力排渣。如果压缩空气吹得很正，那么渣就会被吹到电弧的正前部，此时刨槽两侧的熔渣最少，可节省很多的清渣时间，但是技术较难掌握，并且还会影响刨削方向的正确性。因此，通常采用的刨削方式是将压缩空气吹偏一点，使大部分渣能翻到槽的外侧，但不能使渣吹向操作者一侧，否则会造成烧伤。为使电弧保持稳定，刨削时要保持均匀的刨削速度，并尽量保持等距离的弧长。若听到均匀清脆的"嘶、嘶"声，则表示电弧稳定，可得到光滑均匀的刨槽。同时，为防止刨槽偏离了原定的线路而造成刨偏，操作时必须集中注意力，借助电弧光看清刨削路线。每段刨槽衔接时，应在弧坑上引弧，防止触伤刨槽或产生严重凹痕。

7.3.3　收弧

收弧应把液态金属吹净。收弧时先断弧，过几秒钟后，再把压缩空气阀门关闭。低碳钢在碳弧气刨后，刨槽表面会有一硬化层，这是由于处于高温的表层金属被急冷后所造成的，不是渗碳的结果。正常操作情况下，对碳弧气刨后的低碳钢进行焊接，并不影响焊接质量。

重要工件的焊缝要无损探伤，若发现有超标缺陷；应将缺陷清除后再进行返修补焊。刨除焊接缺陷前，焊接检验人员应在有缺陷处做好标记，焊工就在标记位置一层一层往下进行气刨，对每一层要仔细检查有无缺陷。如发现缺陷，可轻轻地再往下刨一、二层，直到将缺陷全部刨干净为止。刨除焊缝缺陷后的槽形如图 7-3 所示。

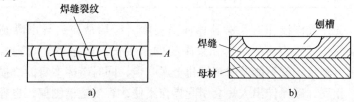

图 7-3　刨除焊缝缺陷前后

a）气刨前　b）气刨后

刨削结束时，应先切断电弧，过几秒后再关闭气阀，使碳棒冷却。

刨槽后应清除刨槽及其边缘的铁渣、毛刺和氧化皮，用钢丝刷清除刨槽内炭灰和"铜斑"。

7.3.4 碳棒倾角及长度的掌握

为避免起刨时产生"夹碳"缺陷，首先应打开气阀，然后再引燃电弧。在垂直位置气刨时，气刨方向应从上向下进行，这样便于排出熔渣。操作时，碳棒中心线应与刨槽中心线重合，否则刨槽形状不对称，如图7-4所示。碳棒倾角应按槽深要求而定，一般为45°左右。

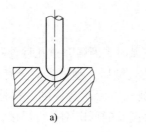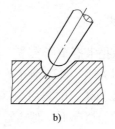

a)   b)

图 7-4 碳棒与工件的相对位置

a）刨槽形状对称 b）刨槽形状不对称

刨槽深度与碳棒倾角的关系见表7-2。

表 7-2 刨槽深度与碳棒倾角的关系

刨槽深度/mm	2.5	3.0	4.0	5.0	6.0	7.0~8.0
碳棒倾角（°）	25	30	35	40	45	50

碳弧气刨操作时，对碳棒伸出长度（碳棒从钳口导电嘴到电弧端的长度）也有要求。如果碳棒伸出太长，压缩空气吹到熔池的风力不足，就不能及时把熔化金属吹走，同时碳棒本身的烧损也大；相反，碳棒伸出太短会引起操作不便，容易把槽刨偏，也容易使刨钳与工件短路，造成电弧不稳和烧损刨钳。

7.3.5 电弧长度的掌握

电弧长度对碳弧气刨加工的表面质量影响很大。若弧长超过3mm，就会引起电弧不稳定，甚至熄弧。因此操作时要尽量采用短弧，这样不仅使碳弧气刨能顺利进行，而且还可以提高生产效率和电极的利用率。但电弧太短，容易引起"夹碳"缺陷，一般电弧长度以 1~2mm 为宜。在刨削过程中，弧长变化应尽量小，以保证刨槽尺寸均匀。

7.3.6 刨削速度的掌握

刨削速度对刨槽尺寸和表面质量也有影响。刨削速度太快，则单位长度上的金属得到的线热量少，刨槽的深度变浅，宽度变窄。如果刨削速度特别快，不仅刨槽的宽度和深度达不到要求，而且容易使碳棒与前端金属相碰造成短路。因此必须正确选择刨削速度，通常取 0.5~1.2m/min。

7.3.7 碳弧气刨操作安全规程

碳弧气刨操作时，除了要遵守焊条电弧焊有关安全的规定外，还要注意以下事项：

1）碳弧气刨由于弧光较强，操作人员应戴上深色护目镜，要防止喷吹出来的熔融金属烧损工作服。工作场地应注意防火。

2）由于气刨时使用的电流较大，所以应防止焊机过载和长时间连续使用，以免将焊机烧毁。

3）在容器内或狭窄空间内操作时，内部空间不能太小，同时应加强抽风及排除烟尘措施。

4）露天操作时，要沿着顺风方向进行气刨，防止吹散的金属熔渣烧坏工作服和灼伤皮肤。

5）气刨操作时的噪声较大，操作者应戴耳塞。

6）不允许把碳弧气刨枪浸泡在水中冷却。

7）不能用氧气代替压缩空气。

7.4 常用材料的碳弧气刨

7.4.1 低碳钢的碳弧气刨

低碳钢气刨后，在刨槽表面会产生一层硬化层（图7-5），其深度为 0.34 ~ 0.72mm，并随规范的变化而变化，但最深不超过 1mm。这是由于处于高温的

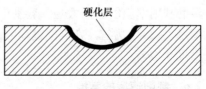

图 7-5 刨槽表面的硬化层

表层金属被急冷后造成的，并不是由于渗碳的缘故。根据测量，当母材含碳量为 0.20%~0.24%（质量分数，后同）时，该硬化层含碳量仅为 0.19% ~ 0.22%。在正常操作情况下，并不发生渗碳现象，对碳弧气刨后的低碳钢进行焊接并不影响焊接质量。

7.4.2 不锈钢的碳弧气刨

不锈钢与低碳钢的碳弧气刨工艺基本相同，一般对耐蚀性要求不高的不锈钢工件，都可以采用碳弧气刨。不锈钢在碳弧气刨后，其刨槽的表层基本上不发生渗碳现象，但气刨时的飞溅金属含碳量却高达 1.3%，刨槽边缘黏渣的含碳量为 1.2%，如果操作不当，有黏渣渗入焊缝时，就会增加焊缝的含碳量，从而影响不锈钢焊缝的质量。因此，需要严格控制规范和操作工艺，特别要注意防止由于风压不足或其他原因造成刨槽边缘的黏渣。一旦出现黏渣现象，应用砂轮打磨干净后再焊。

对不锈钢进行碳弧气刨后，如果按图 7-6 所示顺序进行焊接，不会影响不锈钢

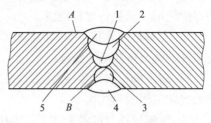

图 7-6 不锈钢多层焊焊接顺序

A—介质接触面 B—气刨槽
1~5—各层焊道的焊接顺序

的抗晶间腐蚀性能。

7.5 碳弧气刨常见缺陷及防止措施

7.5.1 夹碳

夹碳主要是由于刨削速度过快，碳棒顶部碰到了已熔化和未熔化的金属上，致使电弧因短路而熄灭；又由于短路电流大且碳棒温度很高，使碳棒的头部脱落并黏在了未熔化的金属上而产生的缺陷，如图7-7所示。

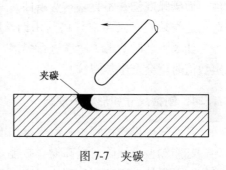

图 7-7 夹碳

在夹碳处，电弧不能正常引燃，不但影响碳弧气刨的继续进行，而且在夹碳处还会形成一层硬脆、不易清除的碳化铁。若这缺陷未被清除掉，焊后还会产生气孔和裂纹。因此产生夹碳后应立即清除掉。清除的操作方法是：在缺陷前端引弧，并在夹碳边缘5~10mm处重新起刨，深度要比夹碳处深2~3mm，以便将夹碳连根一起刨掉；然后用焊条电弧焊在夹碳处焊一道熔敷金属，将药皮清除后再重新起刨（连焊肉一起刨除），操作时手法一定要稳。

7.5.2 黏渣

碳弧气刨时吹出来的熔化金属叫渣。它的表面是一层氧化铁，内部是含碳量很高的金属。如果刨削速度过慢，单位长度金属得到的热量增多，金属熔化量就会多而集中，使用压缩空气不易吹净，这样熔化金属就容易黏在刨槽的两侧，形成所谓"黏渣"现象。引起黏渣的主要原因是压缩空气压力太小或刨速太慢，以及碳棒倾角太小。因此应注意调整气刨参数。

黏渣可用扁铲清除或用砂轮打磨修整。

7.5.3　铜斑

当使用表面镀铜的碳棒时，有时镀铜的质量不好会使铜与碳棒之间的接触电阻很大，以致发热而造成铜皮提前剥落，落在刨槽表面形成铜斑。铜要渗入钢板，需要具备在高温下停留较长时间等条件，而碳弧气刨并不具备这些条件，因此不太可能会产生渗铜。要避免这类缺陷，只要在焊接前用钢丝刷将刨槽及周围清理干净即可。如果不及时清理干净就进行焊接，当焊缝金属的含铜量达到一定数值时就会产生热裂纹。

7.5.4　刨槽尺寸和形状不规则

碳弧气刨操作过程中，由于操作不当会造成刨槽歪斜，深浅不匀，甚至刨偏等缺陷。提高操作技能是克服此类缺陷的最好办法。操作中要保持刨削速度和碳棒送进速度均匀；碳棒与工件间倾角要稳定；操作过程要注意力集中，使碳棒及侧面送风的风口始终对正预定的刨削线路进行刨削。

第 8 章

焊接接头质量常规检测

焊接接头质量的常规检测一般包括外观检查、压力试验和致密性检测等。

8.1 外观检测

焊接接头外观检测是由焊接检查员通过个人目视（或借助量具等）检查焊缝的外形尺寸和外观缺陷的质量检测方法，是一种简单而应用广泛的检测手段。焊缝的外形尺寸、表面连续性是表征焊缝形状特性的指标，是影响焊接工程质量的重要因素。当焊接工作完成后，首先要进行外观检查。多层焊时，各层焊缝之间和接头焊完之后都应进行外观检测。因此，认真做好焊接施工各阶段的外观检测对保证焊接工程质量具有重要意义。

8.1.1 外观检测工具

焊缝外观检测工具有专用工具箱（主要包括咬边测量器、焊缝内凹测量器、焊缝宽度和高度测量器、焊缝放大镜、锤子、平锉、划针、尖形钢针、游标卡尺等）、焊接检测尺、数显式焊缝测量工具，此外还有基于激光视觉的焊后检测系统等。

1. 专用工具箱

咬边测量器有指示表型和测量尺型两种，均能快速准确地测量焊缝的咬边尺寸。

焊缝内凹测量器也叫深度测量器，使用时把钢直尺伸向焊接结构内，将钩形针探头对准凹陷处，掀动钩针的另一端，使钩形针探头伸向凹陷的根部，然后用游标卡尺量出探头伸出的长度，便可获得内凹深度的数值。

焊缝宽度和高度测量器用于测量焊缝高度和宽度，也可用于焊后工件变形的测量。

一般采用 4 倍或 10 倍的放大镜观测焊缝表面。锤子用来剔除焊渣。平锉用来清理试件表面。划针用来剔抠焊缝边缘死角的药皮，尖形钢针用来挑、钻少量的表面沙眼。小扁铲用来清除焊接工件表面的飞溅物。

2. 焊接检测尺

焊接检测尺是利用线纹和游标测量等原理，检测焊接件的焊缝宽度、高度、焊接间隙、坡口角度和咬边深度等的计量器具，如图 8-1 所示。根据国家质量监督检验检疫总局标准 JJG 704—2005《焊接检验尺检定规程》的划分，检测尺的主要结构形式分为Ⅰ型、Ⅱ型、Ⅲ型、Ⅳ型四个类型。

图 8-1　焊接检测尺

（1）测量坡口角度　焊接检测尺测量坡口角度的使用方法如图 8-2 所示。

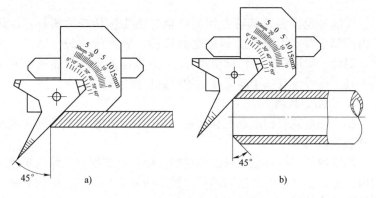

图 8-2　测量坡口角度

a）测量型钢和板材坡口　b）测量管道坡口

（2）测量错边量 焊接检测尺测量错边量的使用方法如图 8-3 所示。

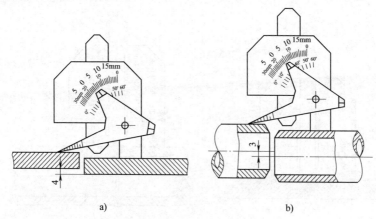

图 8-3 测量错边量

a）测量型钢和板材错边量 b）测量管道错边量

（3）测量对口间隙 焊接检测尺测量对口间隙的使用方法如图 8-4 所示。

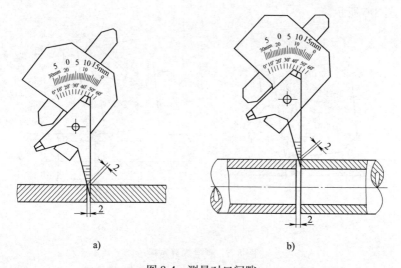

图 8-4 测量对口间隙

a）测量型钢和板材对口间隙 b）测量管道对口间隙

（4）测量焊缝余高　焊接检测尺测量焊缝余高的使用方法如图8-5所示。

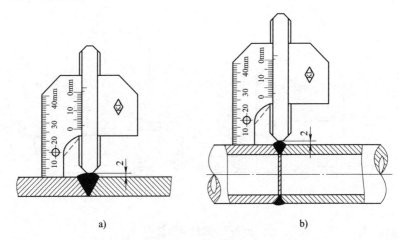

a)　　　　　　　　　　　　　　　　b)

图 8-5　测量焊缝余高

a）测量型钢和板材焊缝余高　b）测量管道焊缝余高

（5）测量焊缝宽度　焊接检测尺测量焊缝宽度的使用方法如图8-6所示。

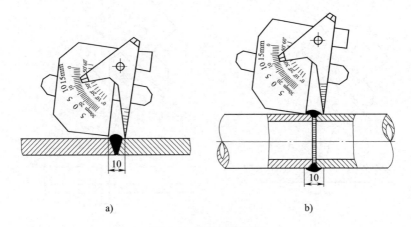

a)　　　　　　　　　　　　　　　　b)

图 8-6　测量焊缝宽度

a）测量型钢和板材焊缝宽度　b）测量管道焊缝宽度

（6）测量焊缝平直度及焊角尺寸　焊接检测尺测量焊缝平直度及焊角尺寸的使用方法如图8-7所示。

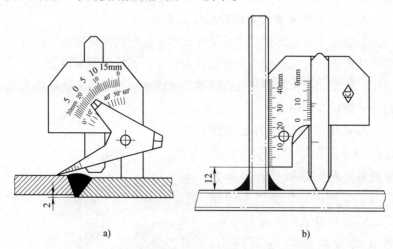

a)　　　　　　　　　　　　b)

图 8-7　测量焊缝平直度及焊角尺寸

a）测量焊缝平直度　b）测量焊缝焊角尺寸

3. 数显焊缝规

数显焊缝规是将传统焊缝检测尺或焊缝卡板与数字显示部件相结合的一种焊缝测量工具。数显焊缝规具有读数直观、使用方便、功能多样的特点。图 8-8 所示为一种数显焊缝规，它由角度样板、高度尺、传感器、控制运算部分和数字显示部分组成。该焊缝规有

图 8-8　数显焊缝规

四种角度样板，可用于坡口角度、焊缝尺寸的测量，可实现任意位置清零，任意位置公英制转换，并带有数据输出功能。

4. 基于激光视觉传感的焊后检测技术

基于激光视觉传感的焊后检测技术，是利用激光视觉传感器对焊缝外观进行视觉检查的一种新技术，在工程检测领域得到了广泛应用，使用该技术的焊缝检查仪器，被成功应用于焊缝质量的在线检测及焊后检测中。

激光视觉传感器的工作原理是基于三角测量原理。它主要由激光发射器和 CCD 摄像机组成。检测时，传感器中的激光发射器发出条形平面激光束，照射到待检测焊缝表面上，CCD 摄像机接收工件上漫反射的激光条纹成像。由于焊缝表面上各点的激光条纹位置不同，在 CCD 摄像机像面的位置也各不相同，根据图像上激光条纹的变形程度就可以计算出焊缝

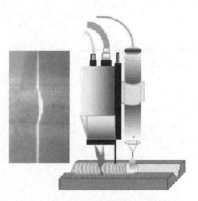

图 8-9　激光视觉传感器获取焊缝图像过程

的形状。图 8-9 所示为传感器获取焊缝图像的过程。

基于激光视觉传感的焊后检测技术，将激光视觉传感器所采集焊接接头的图像模拟信号，经过模/数转换后送到处理器，处理器对图像处理后得出反映其焊缝尺寸的特征量。该方法可提供对焊缝表面外观、表面几何形状以及存在的表面不连续性或缺陷的质量分析，并可实现焊接过程实时在线自动检测。克服了传统检测方法存在的测量精度低，受工件装配状况影响大，检测花费时间长，对焊接质量评定取决于人的主观判断等缺点，是一种有广阔发展前景的检测技术。

8.1.2 外观检查方法的分类及内容

1. 外观检查方法的分类

外观检查是用肉眼、借助辅助工具观察焊接工件质量。按人眼能否直接观察到被检查表面分为直接外观检查和间接外观检查两种方法。

（1）直接外观检查 它是指眼睛能直接观察到被检查的表面，可直接分辨出焊接缺陷形貌的场合。一般目视距离为 400~600mm。在检查过程中可以采用适当的照明，利用反光镜调节照射角度和观察角度，或借助于低倍放大镜进行观察，以提高分辨焊接缺陷的能力。

（2）间接外观检查 它是指眼睛不能直接观察到被检查表面的场合，如直径较小的管子及小直径容器内表面的焊缝。间接外观检查必须借助于工业内窥镜等辅助工具进行观察检测。

2. 外观检查的内容

焊接工作完成后首先应进行外观检查，外观检查应按照产品的检测要求或相关技术标准进行。各种焊接标准中对外观检查的项目和判别的目标数值（即定量标准）都有明确的规定。外观检查一般包括以下内容：

（1）焊接后的清理质量 外观检查前应将焊缝及其边缘 10~20mm 母材上的飞溅及其他阻碍外观检查的污物清除干净。

（2）焊接缺陷检查 在整条焊缝和热影响区附近，应无裂纹、夹渣、焊瘤、烧穿等缺陷，气孔、咬边缺陷的特征值应符合有关标准规定。

（3）几何形状检查 重点检查焊缝与母材连接处以及焊缝形状和尺寸急剧变化的部位，焊缝应完整美观，不得有漏焊现象，各连接处应圆滑过渡。焊缝高低、宽窄及结晶鱼鳞纹应均匀变化。

（4）焊接的伤痕补焊 重点检查装配拉筋板拆除部位，勾钉的勾卡与吊环的焊接部位、母材引弧部位、母材机械划伤部位等。

应无缺肉及遗留焊疤，无表面气孔、裂纹、夹渣、疏松等缺陷，划伤部位不应有明显棱角和沟槽，伤痕深度不超过有关标准规定。

（5）焊工钢印和焊缝编号钢印的检查　检查焊工在焊接结束后是否在施焊焊缝的规定部位（如纵缝中间、环缝 T 字缝附近）打钢印，在不允许打钢印时应以简图形式记载于焊接质量检查记录中。

8.1.3　焊缝外观形状及尺寸的评定

焊缝外形尺寸是保证焊接接头强度和性能的重要因素，检查的目的是检测焊缝的外形尺寸是否符合产品技术标准和设计图样的规定要求。检查的内容一般包括焊缝的外观成形、焊缝宽度、余高、错边、焊趾角度、焊缝边缘的直线度、角焊缝的焊脚尺寸等内容。

1. 焊缝的外观成形

通常检查焊缝的外形和焊波过渡的平滑程度。若焊缝高低宽窄很均匀，焊道与焊道、焊道与母材之间的焊波过渡平滑，则焊缝成形好。若焊缝高低宽窄不均，焊波粗乱，甚至有超标的表面缺陷则判为外观成形差。

2. 焊缝尺寸

（1）焊缝的宽度　对接焊时，焊接操作不可能保证焊缝表面与母材完全平齐，坡口边缘必然要产生一定的熔化宽度，一般要求焊缝的宽度比坡口每边增宽不小于 2mm。

（2）焊缝的余高　母材金属上形成的焊缝金属的最大高度叫作焊缝的余高。对于左右板材高度不一致的情况，其余高以最大高度为准。接头焊缝的余高 e_1、e_2（图 8-10）应符合表 8-1 的规定。

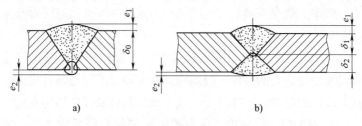

图 8-10　焊缝余高 e_1 和 e_2

a）A 类接头　b）B 类接头

表 8-1 A、B类接头焊缝的余高允许偏差 （单位：mm）

标准抗拉强度下限值 R_m>540MPa 的钢材及 Cr-Mo 低合金钢钢材				其他钢材			
单面坡口		双面坡口		单面坡口		双面坡口	
e_1	e_2	e_1	e_2	e_1	e_2	e_1	e_2
0~10% δ_0 且≤3	≤1.5	0~10% δ_1 且≤3	0~10% δ_2 且≤3	0~10% δ_0 且≤4	≤1.5	0~10% δ_1 且≤3	0~10% δ_2 且≤3

（3）焊趾角度　焊趾角度是指在接头横剖面上，经过焊趾的焊缝表面切线与母材表面之间的夹角，见图 8-11 中的 θ。根据船舶行业标准 CB 1220 的规定，对接接头的焊趾角 θ 应不小于 140°，T 形接头的焊趾角 θ 应不小于 130°。

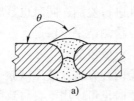 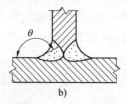

图 8-11　焊趾角度示意图

a）对接接头　b）T 形接头

（4）角焊缝的焊脚尺寸　角焊缝的焊脚尺寸由设计或有关技术文件注明。根据 GB 50205 标准的规定，T 形接头、十字接头、角接接头等要求熔透的对接和角对接组合焊缝，其焊脚尺寸不应小于 $T/4$（T 为母材厚度）。设计有疲劳验算要求的吊车梁或类似构件，其腹板与上翼缘连接焊缝的焊脚尺寸为 $T/2$，且不应大于 10mm。焊脚尺寸的允许偏差为 0~4mm。

（5）焊缝边缘直线度 f

焊缝边缘沿焊缝轴向的直线度 f 如图 8-12 所示，在任意 300mm 连续焊缝长度内，埋弧自动焊的 f 值应不大于 2mm，焊条电弧焊、埋弧半

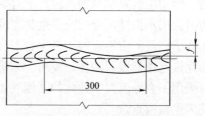

图 8-12　焊缝边缘直线度

自动焊的 f 值应不大于 3mm。

（6）焊缝的宽度差　焊缝的宽度差即焊缝最大宽度和最小宽度的差值，在任意 500mm 焊缝长度范围内不得大于 4mm，整个焊缝长度内不得大于 5mm。

（7）焊缝表面凹凸差　焊缝表面凹凸差即焊缝余高的差值，在焊缝任意 25mm 长度范围内，不得大于 2mm。

8.2　压力试验

锅炉和压力容器等存储液体或气体的受压容器或受压管道的焊接工程在制造完成后，要按照工程的技术要求进行压力试验，其目的是对焊接结构的整体强度和密封性进行检测，同时也是对焊接结构的选材和制造工艺的综合性检测。检测结果不仅是工程等级划分的关键数据，也是保证其安全运行的重要依据。

压力试验有液压试验和气压试验两种方法。液压试验一般用水作为介质，所以又称水压试验，必要时也可以用不会导致危险的其他液体作为介质。气压试验是指用气体作为介质的耐压试验，只有在不能采用液压试验的场合，例如存在少量的水对设备有腐蚀，或由于充满水会给容器带来不适当的载荷时才允许采用。虽然水压试验和气压试验在某种程度上也具有致密性检测的性质，但其主要目的仍然是强度检测，因而习惯上也把它们称为强度试验。

8.2.1　水压试验

水压试验是最常用的压力试验方法。常温下的水基本上不可压缩，用加压装置给水加压时，不需要消耗太多机械功即可升到较高压力。用水作试压介质既安全又廉价，操作起来也十分方便，目前得到了广泛的应用。对于极少数不宜装水的焊接结构，例如容器内不允许有微量残留液体，或由于结构原因不能充满液体的容器，则可采用不会导致发生危险的其他液体。但试验时液体的温度应低于其闪点或沸点。

1. 试验压力

内压容器的水压试验中，压力计算公式为 $p_T = \eta p [\sigma] / [\sigma]'$，式中 p_T 是试验压力，单位为 MPa；p 是设计压力，单位为 MPa；η 是耐压试验压力系数，见表 8-2；$[\sigma]$ 是容器部件材料在试验温度下的许用应力，单位为 MPa；$[\sigma]'$ 是容器部件材料在设计温度下的许用应力，单位为 MPa。

对于内压容器，铭牌上规定有最大允许工作压力时，应以最大允许工作压力代替设计压力 p。容器各部件（圆筒、封头、接管、法兰及紧固件等）所用材料不同时，应取各材料 $[\sigma] / [\sigma]'$ 值中最小者。

表 8-2　耐压试验压力系数 η

压力容器形式	压力容器的材料	压力等级	耐压试验压力系数	
			液（水）压	气压
固定式	钢和非铁金属	低压	1.25	1.15
		中压	1.25	1.15
		高压	1.25	—
	铸铁		2.00	—
	搪玻璃		1.25	1.15
移动式	—	中、低压	1.50	1.15

2. 试验水温和保压时间

TSG R 0003—2007 规定：碳素钢、16MnR 和正火 15MnVR 钢容器液压试验时，液体温度不得低于 5℃；其他低合金钢容器，液压试验时液体温度不得低于 15℃。如果由于板厚等因素造成材料无塑性转变温度升高，则需相应提高试验液体温度；其他钢种容器液压试验温度一般按图样规定。

TSG R 0003—2007 规定，保压时间一般不少于 30min。

3. 试验要求

进行水压试验的产品，焊缝的返修、焊后热处理、力学性能检测及无损检测必须全部合格。受压部件充灌水之前，药皮、焊渣等杂物必须清理干净。

水压试验的系统中，至少有两块压力表，一块作为工作压力表，另一块作为监视压力表。选用的压力表，必须与压力容器内的介质相适应，低压容器使用的压力表精度不应低于 2.5 级；中压及高压容器使用的压力表精度不应低于 1.5 级。压力表盘刻度限值应为最高工作压力的 1.5~3.0 倍，表盘直径应不小于 100mm。压力表必须经计量部门校核过，并有铅封才能使用。

耐压试验前，对于容器的开孔补强圈，应通入 0.4~0.5MPa 的压缩空气检查焊接接头质量。压力容器各连接部位要紧固妥当，耐压试验场地应有可靠的安全防护设施。

4. 试验步骤

1）试验时容器顶部应设排气口，充液时应将容器内充满液体，使滞留在压力容器内的气体排尽。试验过程中，要保持容器观察表面的干燥，以便于观察。

2）加压前应等待容器壁温上升，当压力容器壁温与液体温度接近时，才能缓慢升压。当压力达到设计值时，确认无泄漏后继续升压到规定的试验压力，保压时间一般不少于 30min。然后降到规定试验压力的 80%，保压足够时间后进行检查。同时对焊缝仔细检测，当发现焊缝有水珠、细水流或潮湿时就表明该焊缝处不致密，应将其标示出来，并将该工程评为不合格，作返修处理后重新试验。如果在试验压力下，关闭了所有进、出水的阀门，其压力值保持一定时间不变，未发现任何缺陷，则评为合格。检查期间压力应保持不变，但不能采用连续加压的办法维持试验压力不变。压力容器液压试验过程中不准在加压状态下，对紧固螺栓或受压部件施加外力。

3）对于夹套容器，先进行内筒液压试验，合格后再焊夹套，然后进行夹套内的液压试验。

4）对管道进行检查时，可用闸阀将它们分成若干段，并且依次对各段进行检查。

5）液压试验完毕后，应缓慢泄压，将液体排尽，并用压缩空气将内部吹干。

试验过程中的升、降压曲线如图 8-13 所示。此外，对于奥氏体不锈钢制容器等有防腐要求的容器，用水进行液压试验后应将水渍清除干净，并控制水的氯离子含量不超过 25mg/L。

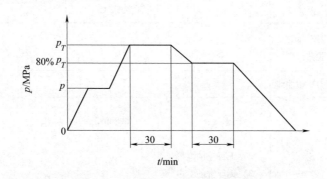

图 8-13　水压试验升、降压曲线图

5. 产品合格标准

根据 TSG R 0003—2007 规定，液压试验后的压力容器，符合下列条件者判为合格：

1）无渗漏。

2）无可见的变形。

3）试验过程中无异常的响声。

4）大于等于抗拉强度规定值下限 540MPa 的材料，表面经无损检测抽查未发现裂纹。

6. 水压试验报告

水压试验结束后，应根据试验情况编制和填写试验报告（表8-3）。在"结论"一栏中，应对产品的焊接质量做出合格或不合格的结论，并注明原因。

表 8-3 水压试验报告

产品名称		产品编号		
试验种类		试验部位		
压力表编号		精度等级		量程/MPa
试验介质		氯离子含量/（mg/L）		
环境温度/℃		介质温度/℃		
设计要求压力试验曲线				
实际压力试验曲线				
结论	合格标准： 1）无渗漏 2）无可见的变形 3）无异常的响声 试验结论：	试验情况：		
试验时间： 年 月 日		操作者： 年 月 日		

水压试验责任师：
     年 月 日
	检测责任师：
	     年 月 日
			监检人员：
			     年 月 日	

8.2.2 气压试验

气压试验是检测在一定压力下工作的容器、管道的强度和焊缝致密性的一种试验方法。气压试验比水压试验更为灵敏和迅速，同时试验后的产品不用排水处理，对于排水困难的产品尤为适用。但由于气体的可压缩性，在试验加压时容器内积蓄了很大能量，与相同情况下的液体相比，要大数百倍至数万倍，一旦气压试验容器破裂，危险性很大，因此气压试验一般用于低压容器和管道的检测。对于由于结构或支承原因，不能向压力容器内充灌液体，以及运行

条件不允许残留试验液体的压力容器，可按设计图样规定采用气压
试验。

1. 试验压力

根据 TSG R 0003 的规定，内压容器的气压试验压力计算公式
为 $p_T = \eta p [\sigma]/[\sigma]'$，式中，$p_T$ 是试验压力，单位为 MPa；p 是设
计压力，单位为 MPa；η 是耐压试验压力系数，见表 8-2；$[\sigma]$ 是
容器部件材料在试验温度下的许用应力，单位为 MPa；$[\sigma]'$ 是容
器部件材料在设计温度下的许用应力，单位为 MPa。

2. 试验介质和温度

TSG R 0003 规定：试验所用气体应为干燥洁净的空气、氮气
或其他惰性气体。碳素钢和低合金钢制压力容器的试验用气体温度
不得低于 15℃，其他材料制压力容器试验用气体温度应符合设计
图样的规定。

3. 试验步骤

气压试验过程中的升、降压曲线如图 8-14 所示。试验步骤
如下：

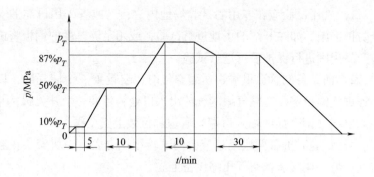

图 8-14　气压试验升、降压曲线图

1）试验时，应先缓慢升压至规定试验压力的 10%，且不超过
0.05MPa，保压 5min，并对所有焊缝和连接部位进行初次检查。检

测方法是用肥皂液或其他检漏液涂满焊缝，检测焊缝处是否有气泡形成，以及压力表的数值有无下降。若有泄漏或压力表读数下降，应找出漏气部位，卸压后进行返修补焊等处理，再重新进行试验，若无泄漏可继续升压。

2）当压力升高到规定试验压力的 50% 时，再进行检查，如无异常现象，其后按规定试验压力的 10% 逐级升压，最后到达试验压力规定值，保压 10min。

3）经过规定的保压时间后，将压力降到规定值的 87%，关闭阀门，保压足够时间进行检查。若有漏气或压力表读数下降现象，卸压修补后再按上述步骤重新试验。如果没有泄漏，压力表读数未下降，试验过程中压力容器无异常声响，无可见的变形，可判定该工程合格。

检查期间压力应保持不变，但不得采用连续加压来维持试验压力不变。气压试验过程中严禁带压对紧固螺栓施力。

4. 安全措施

气压试验的危险性比较大，进行试验时，必须采取相应的安全措施。

1）气压试验应在专用的试验场地内进行，或者采用可靠的安全防护措施，如在开阔的场地进行试验，或用足够厚度的钢板将试验产品周围进行保护后再进行试验。

2）向设备的管道里输送压缩空气时，要设置一个储气罐，以保证进气的稳定。在储气罐的气体出入口处，各装一个开关阀，并在输出端（即产品的输入口端）管道部位装上安全阀。

3）试验时准备两块经过校验的试验用压力表，一块安装在容器上，另一块安装在空气压缩设备上。

4）施压下的容器不得敲击、振动和修补焊接缺陷。

5）低温下试验时，要采取防冻措施。

5. 气压试验报告

气压试验结束后，应根据试验情况编制和填写试验报告（表 8-4）。

表 8-4 气压试验报告

产品名称			产品编号			
试验种类			试验部位			
压力表编号		精度等级			量程/MPa	
试验介质						
环境温度/℃			介质温度/℃			
设计要求压力试验曲线						
实际压力试验曲线						
结论	合格标准： 1）无漏气 2）无可见的变形 3）无异常的响声 试验结论：		试验情况：			
试验时间：　　年 月 日			操作者：　　年 月 日			
气压试验责任师： 　　年 月 日		检测责任师： 　　年 月 日		监检人员： 　　年 月 日		

8.3　致密性检测

储存液体或气体的焊接容器，其焊缝的不致密缺陷（如贯穿性的裂纹、气孔、夹渣、未焊透以及缩松组织等），可用致密性试验来发现。

8.3.1　致密性检测方法概述

焊接容器常用的致密性检测方法分为气密性检测和密封性检测两类。

1. 气密性检测

气密性检测是将压缩空气（如氨、氟里昂、氦、卤素气体等）压入焊接容器，利用容器内、外气体的压力差检查有无泄漏的一种试验方法。介质毒性程度为极度（氟、氢氰酸、氟化氢、氯等）的压力容器，必须进行气密性检测。常用的方法有：充气检查、沉水检查、氨气检查。

2. 密封性检测

检查有无漏水、漏气、渗油、漏油等现象的试验叫作密封性检测。密封性检测常用于敞口容器上焊缝的致密性检查。常用的密封性检测方法有煤油渗漏试验、吹气试验、载水试验，水冲试验等。

常用的致密性试验方法及其适用范围见表8-5。

表8-5 常用的致密性试验方法及其适用范围

类别	试验名称	试验方法	合格标准	适用范围
气密性检验	气密性试验	将焊接容器密封，按图样规定压力通入干燥洁净的压缩空气、氮气或其他惰性气体。在焊缝表面涂以肥皂水。保压一定的时间，检查焊缝有无渗漏	不产生气泡为合格	密封容器
	氨渗漏试验	氨渗漏属于比色检漏，以氨为示踪剂，试纸或涂料为显色剂，进行渗漏检查和贯穿性缺陷定位。试验时，在检测焊缝处贴上比焊缝宽的石蕊试纸或涂料显色剂，然后向容器内通入规定压力的含氨气的压缩空气，保压5~10min。如果焊缝有不致密的地方，氨气就透过焊缝，并作用到试纸或涂料上，使该处形成图斑。根据这些图斑，就可以确定焊缝的缺陷部位。氨渗漏试验时可检出速度为3.1cm³/a的渗漏。这种方法准确、迅速和经济，同时可在低温下检测焊缝的致密性	检查试纸或涂料，未发现色变为合格	密封容器和敞口容器都可以采用这一试验，如尿素设备的焊缝检测

（续）

类别	试验名称	试验方法	合格标准	适用范围
气密性检验	氨泄漏检测	氨气作为试剂是因为氨气质量轻，能穿过微小的孔隙。氨气检漏仪可以检测到在气体中存在的千万分之一的氨气，相当于在标准状态下漏氨气率为 $1cm^3/a$。是一种灵敏度比较高的致密性试验方法	检测的泄漏率未超过允许的泄漏率为合格	用于致密性要求很高的压力容器
	沉水检查	先将容器类焊件浸入水中，然后在容器中充灌压缩空气，为了易于发现焊缝的缺陷，被检的焊缝应当在水面下约 20~40mm 的深处。当焊缝存在缺陷时，在有缺陷的地方有气泡出现	无气泡浮出为合格	小型焊缝容器。如用来检查飞机、汽车的汽油箱的致密性
密封性检验	煤油渗漏试验	试验时，在比较容易修补和发现缺陷的一面，将焊缝涂上白垩粉水溶液，干燥后，将煤油仔细地涂在焊缝的另一面上。当焊缝上有贯穿性缺陷时，煤油就能渗透过去，并且在白垩粉涂过的表面上显示出明显的浊斑点或条带状油迹	经过 30min 后，焊缝表面上并未出现油斑，所检查的焊缝被评为合格	敞口容器，如储存石油、汽油的固定式储器和同类型的其他产品
	水冲试验	在焊缝的一面用高压水流喷射，而在焊缝的另一面观察是否漏水。水流喷射方向与试验焊缝的表面夹角不应小于 70°，水管的喷嘴直径要在 15mm 以上，水压应使垂直面上的反射水环直径大于 400mm 检测竖直焊缝时应从下至上移动喷嘴，避免已发现缺陷的漏水影响未检焊缝的检测	无渗水为合格	大型敞口容器，如船甲板等密封焊缝的检查

（续）

类别	试验名称	试验方法	合格标准	适用范围
密封性检验	吹气试验	用压缩空气对着焊缝的一面猛吹，焊缝的另一面涂以肥皂水。当焊缝有缺陷存在时，便在缺陷处产生肥皂泡 试验时，要求压缩空气的压力 > 0.4MPa，喷嘴到焊缝表面的距离不得超过 30mm	不产生肥皂泡为合格	敞口容器
	载水试验	将容器的全部或一部分充满水，观察焊缝表面是否有水渗出。如果没有水渗出，该容器的焊缝视为合格。这一方法需要较长的检测时间	焊缝表面无渗水为合格	检测不承受压力的容器或敞口容器，如船体、水箱等

8.3.2 气密性试验

气密性试验是用来检测焊接容器致密性缺陷的一种常用方法。试验的主要目的是保证容器在工作压力状态下，任何部位都没有自内向外的泄漏现象。气密性试验应安排在液压试验等焊接工程质量检测项目合格后进行。对于介质毒性程度极高，高度危害或设计上不允许有微量泄漏的压力容器，必须进行气密性试验。

1. 气密性试验要求

压力容器在下列条件下需要进行气密性试验：

1）当压力容器盛装的介质其毒性为极度危害和高度危害，或不允许有微量泄漏，设计时应提出压力容器气密性试验要求。

2）对于移动式压力容器，必须在制造单位完成罐体安全附件的安装，并经压力试验合格后方可进行气密性试验。

3）气密性试验应在液压试验合格后进行。对设计图样有气压试验要求的压力容器，应在设计图样上明确规定是否需做气密性试验。

4）压力容器进行气密性试验时，一般应将安全附件装配齐全。如需使用前在现场装配安全附件，应在压力容器质量证明书的气密性试验报告中注明，装配安全附件后需再次进行现场气密性试验。

2. 气密性试验条件

（1）试验压力 压力容器气密性试验压力为压力容器的设计压力。

（2）试验气体 试验所用气体应为干燥洁净的空气、氮气或其他惰性气体。

（3）试验温度 碳素钢和低合金钢制压力容器，其试验用气体的温度应不低于5℃，其他材料制压力容器按设计图样规定。

3. 试验步骤

气密性试验应按图样上注明的试验压力、试验介质和检测要求进行，容器需经液压试验合格后方可进行气密性试验。

容器进行气密性试验时，将容器密封，通入压缩空气等试验介质后进行加压。加压时压力应缓慢上升，达到规定试验压力后关闭进气阀门，进行保压。然后对所有焊接接头和连接部位进行泄漏检查。检测方法是用肥皂液或其他检漏液涂满焊接接头和连接部位，检测这些部位是否有气泡形成，以及压力表的数值有无下降。小型容器也可浸入水中检查。若有泄漏或压力表读数下降，应找出漏气部位，卸压后进行返修补焊等处理，再重新进行试验。若无泄漏，且保压不少于30min后压力表读数未下降，即为合格。

气密性试验过程中的升、降压曲线如图8-15所示。

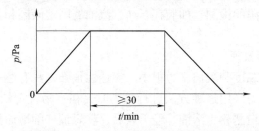

图 8-15 气密性试验升、降压曲线图

4. 气密性试验报告

气密性试验结束后，应根据试验情况编制和填写试验报告（表8-6）。

表8-6　气密性试验报告

产品名称		产品编号		
试验种类		试验部位		
压力表编号		精度等级		量程/MPa
试验气体				
环境温度/℃		气体温度/℃		
设计要求压力 试验曲线				
实际压力试验曲线				
结论	合格标准： 1）无渗漏 2）无可见的变形 3）无异常的响声 试验结论：		试验情况：	
试验时间：　　年　月　日			操作者：　　年　月　日	
试验责任师： 　　年　月　日		检测责任师： 　　年　月　日		监检人员： 　　年　月　日

8.3.3　煤油渗漏试验

煤油渗漏试验是最常用的致密性检测方法，常用于敞口容器焊缝致密性缺陷的检测，如储存石油、汽油的固定储罐和其他同类型产品。

1. 检漏原理

煤油的黏度和表面张力很小，渗透性很强，具有透过极小贯穿性缺陷的能力。用这种方法进行检测时，在容易发现缺陷的一面，将焊缝涂上白垩粉水溶液，经干燥后，将煤油仔细地涂抹在焊缝的另一面，当焊缝上有贯穿性缺陷时，煤油就能渗透过去，在白垩粉涂过的表面上显示出明显的浊斑点或条带状油迹，达到致密性检测的目的。

2. 试验条件及要求

我国石油天然气行业标准 SY/T 0480—2010《管道、储罐渗漏检测方法标准》中，对焊接钢管和罐壁的煤油渗漏检查方法要求如下：

（1）试验器材　磨光机、钢丝刷、棉纱、煤油、白粉浆、毛刷、温度计。罐壁试漏时，另增加一台喷雾器。

（2）试验条件　试验应在管道和罐壁的焊缝经外观和无损检测合格后，在防腐和保温工作之前进行。

（3）试验步骤　试验步骤按下述程序进行：

1）试验时，先对管道焊道内、外进行清理，除去飞溅、焊瘤等，再用钢丝刷清理内、外焊道及两侧表面（100mm 左右），最后用棉纱对焊道进行清洁处理。

2）在已清理完的管道焊道外面、罐壁外部的焊缝上用毛刷涂刷白粉浆。等白粉浆完全干后，再在管道焊道里面和罐壁内部的对接焊缝处涂抹煤油。对于罐壁的搭接焊缝，则用喷雾器以 0.1 ~ 0.2MPa 的压力喷射煤油。

3）等待一段时间后（气温在 0℃ 以上时，0.5h；气温 0℃ 以下时，1h），对管道焊缝外表面进行检查，对于储罐则在罐外检查罐壁焊缝。若焊缝表面有煤油渗漏痕迹，则应根据技术要求进行修补和检测处理合格后，再进行煤油试漏检查；若未发现焊缝表面有煤油渗痕，则认为合格。

这种方法对于对接接头最为适合，而对于搭接接头的检测有一定困难，搭接处的煤油不易清理干净，修补时容易引起火灾。

8.3.4　氦泄漏试验

氦泄漏试验是通过被检容器充入氦气或用氦气包围容器后，检测容器是否漏氦或渗氦，以此检测焊缝致密性的试验方法。因为氦气具有密度小，能穿过微小孔隙的特点，所以氦泄漏检测是一种灵敏度较高的致密性试验方法，通常应用于整体防漏等级较高的场合。

国家标准 GB/T 15823—2009《无损检测 氦泄漏检测方法》中明确规定了氦泄漏检测的具体方法和要求，可用来确定泄漏位置或测量泄漏率。

1. 氦泄漏检测原理

氦泄漏试验时，将氦质谱检漏仪与嗅吸探头连接形成泄漏探测器，用来检测被检测容器泄漏出的微量氦气。嗅吸探头将氦气吸入，送到泄漏探测器系统中，并将其转变为电信号，泄漏探测器再将电信号以光或声的形式显示出来。氦质谱检漏仪可根据要求调整检测灵敏度，按照氦气的泄漏量决定是否报警。

氦质谱检漏仪是根据质谱学原理，用氦做探测气体而制成的仪器。试验时当氦气从漏孔中泄出后，随同其他气体一起被吸入质谱检漏仪中，质谱检漏仪内的灯丝发射出的电子把分子电离，正离子在加速场的作用下做加速运动，形成离子束，当离子束射入与它垂直的磁场后做圆周运动，不同质量的离子有不同的偏转角度。改变加速电压可以使不同质量的离子通过接收缝接受检测。在仪器分析器的某一特定位置上设置收集极，就可以把氦离子从产生的离子残余物中隔离出来。然后通过静电计管的检波和放大装置，进入音频发生器和电流计，使氦离子产生的电流推动音频发生器发出声响，同时电流计可显示电流变化过程的读数，从而反映出容器是否致密或渗漏的程度。

2. 氦泄漏检测方法

常用的氦泄漏检测方法有加压法和真空法两种。

（1）加压法　加压法又称吸枪法，此法是将被检容器抽真空后，充入一定氦气，再充氮气或压缩空气（或直接充入氦气），并达到规定压力。氦气通过漏点漏出，被嗅吸探头（吸枪）吸入。超过设定的泄漏率时，氦质谱检漏仪报警，并确定漏点的位置。加压法检漏如图8-16所示。

（2）真空法　真空法是将被检容器与氦质谱仪连接，将容器内抽真空，用氦气喷枪对被检容器的焊接接头和其他可疑部位喷吹氦气。如果有泄漏，氦气会被吸入抽真空的容器内，并进入氦质谱仪内，超过规定的泄漏量时，氦质谱仪报警。真空法按氦气的存放形式又分为喷枪技术和护罩技术两种。图8-17所示为采用喷枪技术的真空法检漏示意图。

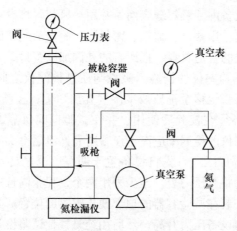

图 8-16　加压法检漏示意图

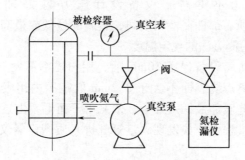

图 8-17　真空法检漏示意图

3. 氦泄漏检测过程

氦泄漏检测应在其他检测均已完成后进行。试验前设备表面及内部需保持清洁、干燥，否则将会影响试验结果，造成错误判断。

（1）试验物品及场地　试验所需物品和设备有氦质谱检漏仪、吸枪、氦气瓶、热风装置、压力表、塑料薄膜及胶带等。

（2）设备表面处理及干燥　由于氦检是通过氦气穿过漏孔来达到检测目的，所以焊缝表面的油污、焊渣以及设备内部的积水、污垢等，都会使泄漏孔暂时阻塞而影响检测结果。因此，试验前必须彻底清理设备内部及焊缝表面，并用热风装置将设备内部彻底干燥。在检测前，用塞子、盖板、密封脂、胶合剂或其他能在检测后易于全部除去的合适材料，把所有的孔洞加以密封。

（3）质谱检漏仪的校验　吸枪与质谱检漏仪之间使用金属软管连接后，将吸枪移至正压校准漏气孔出口侧，校验仪器的读数。质谱检漏仪必须在校验后使用，并在试验期间每隔 $1\sim2h$ 校验一次。质谱检漏仪的检漏率应高于设备所允许泄漏率 $1\sim2$ 个数量级。

（4）内部加压　首先将设备置于明亮、透风良好的场所，连接好试验用管路及压力表。至少采用两个量程相同且经校验的压力表，并将其安装在试验容器的顶部便于观察的位置。先用氮气或其他惰性气体将设备压力升高，然后用纯氦气把试验设备的内压增加至试验压力，并使设备内部至少含有 $10\%\sim20\%$（体积分数）的氦气。试验压力不得高于设备设计压力的 25%，但不低于 $0.103MPa$。所有部件在检测期间，金属的最低或最高温度不应超过所采用氦检测方法的规定温度。

（5）检查　设备保压 30min 后，用扫描率不大于 25mm/s 的速度，在距离焊缝表面不大于 3.2mm 的范围内用吸枪吮吸。检查时应从焊缝底部最低点开始，依照由下而上，由近而远的顺序进行。检漏过程中，如发现大量氦气进入质谱检漏仪，应立即移开吸枪。

4. 检测评定

若检测的泄漏量不超过 $1\times10^{-5}Pa\cdot m^3/s$，则该被检区域判为合格。当探测到不能验收的泄漏时，应对泄漏位置做出标记，然后将部件减压，并对泄漏处按有关规定进行返修。

5. 检测报告

检测报告至少应包括所用方法或技术的下述内容：

1）检测日期。

2）操作者的证书等级和姓名。

3）检测工艺编号或修订号。

4）检测的方法或技术。

5）检测结果。

6）部件标记。

7）检测仪器、标准漏孔和材料标记。

8）检测条件、检测压力和气体浓度。

9）压力表制造厂、型号、量程和编号。

10）所用方法或技术装备的草图。

参 考 文 献

［1］陈永．焊工操作质量保证指南［M］.2版．北京：机械工业出版社，2017.

［2］龙伟民，陈永．焊接材料手册［M］.北京：机械工业出版社，2014.

［3］金凤柱，陈永．电焊工操作入门与提高［M］.北京：机械工业出版社，2011.

［4］金凤柱，陈永．电焊工操作技术问答［M］.北京：机械工业出版社，2014.

［5］金凤柱，陈永．电焊工操作技巧轻松学［M］.北京：机械工业出版社，2017.

［6］范绍林．焊工操作技巧集锦［M］.北京：化学工业出版社，2010.

［7］范绍林．焊接操作实用技能与典型实例［M］.郑州：河南科学技术出版社，2012.

［8］范绍林，雷鸣．电焊工一点通［M］.北京：科学出版社，2012.

［9］范绍林．焊接操作实用技能［M］.郑州：河南科学技术出版社，2013.

［10］刘胜新．焊接工程质量评定方法及检测技术［M］.2版．北京：机械工业出版社，2017.

［11］刘胜新．特种焊接技术问答［M］.北京：机械工业出版社，2009.

［12］孙景荣．焊工操作入门与提高［M］.北京：机械工业出版社，2012.

［13］邱言龙，聂正斌，雷振国．手工钨极氩弧焊技术快速入门［M］.上海：上海科学技术出版社，2011.

［14］曾艳，周少玉．焊工入门实用技术［M］.北京：化学工业出版社，2013.

［15］杨坤玉，许利民，徐宏彤．焊接方法与设备［M］.长沙：中南大学出版社，2010.

［16］李书常，田玉民．图解电焊工技能速成［M］.北京：化学工业出版社，2015.

［17］沈阳晨，魏建军．铸钢件焊接及缺欠修复［M］.北京：机械工业出版社，2015.

［18］孙国君．教你学焊接［M］.北京：化学工业出版社，2012.

［19］高卫明．焊接方法与操作［M］．北京：北京航空航天大学出版社，2012.

［20］陈丽丽，杜贤宏．焊工技能图解［M］．北京：机械工业出版社，2009.

［21］张能武．焊工入门与提高［M］．北京：化学工业出版社，2018.